Geschäftsmodell-Innovation im Zeitalter der vierten industriellen Revolution

Lizenz zum Wissen.

Hans-Jürgen Born

Geschäftsmodell-Innovation im Zeitalter der vierten industriellen Revolution

Strategisches Management im Maschinenbau

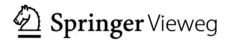 Springer Vieweg

Hans-Jürgen Born
Technische Hochschule Wildau
München, Deutschland

ISBN 978-3-658-21170-7   ISBN 978-3-658-21171-4 (eBook)
https://doi.org/10.1007/978-3-658-21171-4

Die Deutsche Nationalbibliothek verzeichnet diese Publikation in der Deutschen Nationalbibliografie; detaillierte bibliografische Daten sind im Internet über http://dnb.d-nb.de abrufbar.

Springer Vieweg

Gedruckt auf säurefreiem und chlorfrei gebleichtem Papier

Springer Vieweg ist ein Imprint der eingetragenen Gesellschaft Springer Fachmedien Wiesbaden GmbH und ist ein Teil von Springer Nature.
Die Anschrift der Gesellschaft ist: Abraham-Lincoln-Str. 46, 65189 Wiesbaden, Germany

Vorwort

Die Motivation zum Schreiben eines Buches im Bereich der Automatisierungstechnik ist über die Jahre, im Rahmen meiner langjährigen Tätigkeit im Maschinenbau sowie bei der Ausbildung an Fachhochschulen entstanden. Trotz eines gestiegenen Interesses im Maschinen- und Anlagenbau, die Möglichkeiten der vierten industriellen Revolution zu nutzen, bereiten die Interpretation und Umsetzung, den Firmen häufig Schwierigkeiten. An diesem Punkt setzt das vorliegende Buch an. Zum einen werden die Möglichkeiten zur Umsetzung von Konzepten mit derzeitigen technischen Möglichkeiten dargestellt. Zum anderen werden Konzepte betrachtet, die in den nächsten Jahren an Relevanz gewinnen werden.

Das Buch richtet sich an Experten aus den Bereichen Entwicklung, Logistik, Produktion, Service und Strategie. An die Geschäftsführung im Maschinen- und Anlagenbau oder Unternehmensberatungen, die auf der Suche nach zukunftsorientierten Innovationen recherchieren. Das vorliegende Buch kann auch in Weiterbildungslehrgängen an Hochschulen eingesetzt werden. Die vorgestellten Grundlagen aus dem Strategischen Management können zusammen mit den Geschäftsfeldideen in der Geschäftsmodellentwicklung verwendet werden.

Es ist mir ein großes Anliegen, all jenen zu danken, die mich bei der Erarbeitung und Verfassung des vorliegenden Buches unterstützt haben, besonders meiner Frau. Insbesondere mochte ich mich für die interessanten Fachdiskussionen beim VDI bedanken.

Hans-Jürgen Born

Inhaltsverzeichnis

Einleitung

1

Zusammenfassung

Die übergreifende Zielsetzung der Studie liegt in der Untersuchung des Umsetzungsstandes der vierten industriellen Revolution für den Maschinen- und Anlagenbau und in der Entwicklung von möglichen Geschäftsmodellen, die dem jeweiligen technologischen Stand der Technik der vierten industriellen Revolution entsprechen.

1.1 Problemstellung und Zielsetzung

Durch die Globalisierung und die damit verbundene kontinuierliche Vernetzung unterliegen Innovationen und Wettbewerb einer steigenden Veränderungsgeschwindigkeit [1]. Weltweit wird seit dem Jahr 2011 unter dem Begriff der „vierten industriellen Revolution", die Digitalisierung und Vernetzung vorangetrieben. Als „Industrie 4.0" und „Internet of Things" werden Umsetzungsprojekte in Deutschland und Europa bezeichnet. Die Vorreiter im Bereich „Internet of Things" sind Internetunternehmen, die ihre Geschäftsmodelle mit flexiblen Strukturen dynamisch nach dem technologischen Stand weiterentwickeln. Die Herausforderung der Digitalisierung liegt hier beim Maschinen- und Anlagenbau, da dieser auf Grund von teilweise starren Strukturen in der Organisations- bzw. Produktebene nicht flexibel reagieren kann, um neue Entwicklungspotenziale der vierten industriellen Revolution zu nutzen und auszuschöpfen [2].

Ziel dieser Studie ist es, den Umsetzungsstand hinsichtlich der vierten industriellen Revolution für den Maschinen- und Anlagenbau zu untersuchen. Mit den bestehenden Strukturen des klassischen Maschinen- und Anlagenbaus soll ein Geschäftsmodell für eine Beispielfirma auf Basis der vierten industriellen Revolution erarbeitet werden. Weiterhin soll untersucht werden, inwieweit das Potenzial der vierten industriellen Revolution für

© Springer Fachmedien Wiesbaden GmbH, ein Teil von Springer Nature 2018
H.-J. Born, *Geschäftsmodell-Innovation im Zeitalter der vierten industriellen Revolution*, https://doi.org/10.1007/978-3-658-21171-4_1

den Maschinen- und Anlagenbau maximal genutzt werden kann, um neue, innovative Geschäftsmodelle zu entwickeln. Ebenfalls soll hierfür, wenn technologisch möglich, ein Geschäftsmodell für die Beispielfirma entwickelt werden.

1.2   Aufbau der Studie

Die Studie ist insgesamt in sechs Kapitel gegliedert.

Im Abschn. 1.1 wurde bereits die Problemstellung und Zielsetzung dargelegt. Kap. 2 erläutert die theoretischen Grundlagen der Revolutionen der Industrie, Innovation und das Innovationsmanagement. Weiterhin wird das übergeordnete Konzept des strategischen Managements dargestellt und die Geschäftsmodellentwicklung in fünf Phasen erläutert. Auf dieser Basis findet die Strukturierung der nachfolgenden Kapitel statt. Theoretische Ansätze der strategischen Positionierung und Werkzeuge wie das Portfoliomanagement werden dazu eingeordnet. Der Studie zugrunde liegende, notwendige Begriffe werden definiert. Kap. 3 durchleuchtet evolutionäre Geschäftsmodelle. Es wird hier davon ausgegangen, dass die Weiterentwicklung des Standes der Technik im Maschinen- und Anlagenbau zur „vierten industriellen Revolution" in evolutionärer Weise kontinuierlich erfolgt. Ergänzend werden im Kap. 4 die Möglichkeiten für disruptive Geschäftsmodelle untersucht. Ausgehend davon, dass sich auf Grund der technologischen Möglichkeiten der „vierten industriellen Revolution" die Branchenentwicklung des Maschinen- und Anlagenbaus in Zukunft radikal ändern wird, proprietäre Konzepte aufgebrochen und offene Konzepte entwickelt werden, welche disruptive Wirkung entfalten. Im Kap. 5 erfolgt aufgrund der Ergebnisse der vorangegangenen Kapitel eine Prognose hinsichtlich der weiteren Branchenentwicklung des Maschinen- und Anlagenbaus. Kap. 6 fasst die Studie in einem Resümee zusammen und gibt einen Ausblick auf weiterführende Forschungsfragen.

Literatur

1. QIAN, Yanyun: Strategisches Technologiemanagement im Maschinenbau: Erfolgsfaktoren chinesischer Maschinenbauunternehmen im kompetenzbasierten Wettbewerb. Stuttgart, Universität Stuttgart, Dissertation, 2002. http://elib.uni-stuttgart.de/opus/
2. WIESELHUBER und PARTNER GMBH: Geschäftsmodell-Innovation durch Industrie 4.0: Chancen und Risiken für den Maschinen- und Anlagenbau. 2015

Theoretische Grundlagen

2

Zusammenfassung

Das Kapitel erläutert die vier Revolutionen der Industrie, vermittelt die Grundlagen des Innovationsmanagements und ordnet diese in das übergeordnete Konzept des strategischen Managements ein. Technologische Kompetenzen erweisen sich heute im Bereich des Maschinen- und Anlagenbaus als ein entscheidender Wettbewerbsfaktor. Ein funktionierendes Innovationsmanagement ist deshalb als eine wichtige Managementaufgabe und Erfolgsfaktor für das Unternehmen zu betrachten. Das Portfoliomanagement wird als ein wesentliches Werkzeug zur Gestaltung zukünftiger Produkt-Markt Aktivitäten von Unternehmen eingeordnet.

2.1 Revolutionen der Industrie

Eine Revolution ist definiert durch die sprunghafte Produktivitätszunahme, die durch eine neue Technologie zu einem Zeitpunkt verursacht wird, an dem die aktuelle Technologie ausgeschöpft ist und sich der Zuwachs durch diese nahezu eingestellt hat.

In den letzten Jahrzehnten war unsere Ökonomie durch Steigerungen in der Produktivität aufgrund der Einführung der Informationstechnik wesentlich geprägt. Diese Steigerung der Produktivität sind der dritten industriellen Revolution, der Automatisierung der Produktion durch den Einsatz von Mikroelektronik und Informationstechnik zuzuordnen. Durch die Einführung von Lean-Produktionskonzepten[1] oder Produktionssteuerungen wie

---

[1] Unter Lean Produktion versteht man den sparsamen und zeiteffizienten Einsatz der Betriebsmittel sowie von Personal und Werkstoffen im Rahmen aller Unternehmensaktivitäten.

© Springer Fachmedien Wiesbaden GmbH, ein Teil von Springer Nature 2018
H.-J. Born, *Geschäftsmodell-Innovation im Zeitalter der vierten industriellen Revolution*, https://doi.org/10.1007/978-3-658-21171-4_2

MES²-Systemen ist diese Revolution nahezu ausgeschöpft [11]. Die einzelnen Revolutionen lassen sich wie folgt unterscheiden:

- Um 1750: 1. Industrielle Revolution: Einführung der Dampfmaschine in die mechanische Produktion.
- Um 1870: 2. Industrielle Revolution: Einführung der Massenproduktion durch Elektroenergie mit Elektromotor und Generator.
- Um 1960: 3. Industrielle Revolution: Einsatz von Mikroelektronik und IT wodurch der Automatisierungsgrad in der Produktion gesteigert wurde.
- 21. Jahrhundert: 4. Industrielle Revolution: datentechnische Vernetzung von Sensoren, Maschinen und Produktionsbetrieben.

Die „vierte industrielle Revolution" ist gekennzeichnet durch die Weiterentwicklung des Standes der Technik und die damit verbundenen neuen Möglichkeiten der datentechnischen Vernetzung von Sensor-/Aktorebene bis zur Unternehmensebene zu sogenannten Cyber-physischen Systemen. Eine Grundlage für die Vernetzung bildet die Auswertung der vorher passiven Systeme mit zusätzlicher Technik wie Sensoren, Aktoren, Mikrocontrollern oder Kommunikationsmodulen. Die Sensor-/Aktorebene wird dabei mit anderen Objekten aller anderen Prozessebenen bis zur Unternehmensebene über den gesamten Product-Life-Cycle vernetzt. Mit den gewonnenen Zusatzinformationen, z. B. über die aktuelle Nutzung, über Alterung oder andere Umweltbedingungen lassen sich zusätzliche Maßnahmen einleiten wie Optimierung, Wartung oder Austausch des Objektes. Aufgrund dieser neuen Eigenschaften wird von sogenannten „Smarten Produkten" gesprochen, welche in produzierenden Unternehmen für eine deutliche Steigerung durch Selbstoptimierung und Selbstkonfiguration der Produktivität sorgen kann. Cyber-physische Systeme mit ihren smarten Objekten bilden so die Grundlage der unternehmensweiten oder unternehmensübergreifenden Vernetzung zur „Smart Factory" [11].

2.2 Innovation

2.2.1 Begriff und Abgrenzung

Wird ein Produkt oder Verfahren zur Produktreife erfolgreich entwickelt, hergestellt und vermarktet, spricht man von einer Innovation. Innovationen lassen sich in Produkt-, Prozess-, Personal- und Organisationsinnovationen unterscheiden, also nicht nur für die einzelne Produktebene, sondern auch Veränderungen in bestehenden und neuen Geschäftsmodellen für Geschäftseinheiten und Unternehmen [6].

Innovative Geschäftsmodelle basieren meist auf technologischen Entwicklungen: Sie eröffnen den Weg zu neuen oder effektiveren Geschäftsaktivitäten. Entwicklungen können sich dabei aus Forschung- und Entwicklungsstrategien, Beschaffungsstrategien,

---

²Manufacturing Execution System (MES) ist ein IT-System, das den Fertigungsablauf und die Herstellungsprozesse in Produktionsstätten verwaltet.

Produktionsstrategien, Marketing oder Vertriebsstrategien ergeben [3]. Unternehmen, die ihren Fokus nicht nur auf Produkt-, Dienstleistungs- oder Prozess-Innovationen legen, sondern auch auf eine Geschäftsmodell-Innovation, können statistisch gesehen eine höheres Wachstum und eine höhere Umsatzrendite verzeichnen [7]. Unternehmen, die also früh die Wichtigkeit erkennen, sich optimal zu organisieren, um im Wettbewerb erfolgreich zu bestehen, können eher Vorteile erlangen [2].

2.2.2 Innovation als Erfolgsfaktor des Unternehmens

Innovationen stellen einen wesentlichen Erfolgsfaktor für Unternehmen dar, welche über dessen Erfolg oder Scheitern entscheiden. Innovationen sind daher ein wesentlicher Faktor zur wirtschaftlichen Entwicklung eines Unternehmen [6]. Die Steigerung der Innovationsfähigkeit für ein Unternehmen ist bedeutend, da ein durch die Informationstechnik hervorgerufener immer stärker werdender globaler Wettbewerb ein enormes Innovationstempo hervorgebracht hat [5]. Eine Studie von Arthur D. Little aus dem Jahr 2004 befragte Unternehmen in verschiedenen Branchen bzgl. ihrer Einschätzung, was die größte Auswirkung auf das Unternehmenswachstum und Unternehmensprofitabilität habe. Das Ergebnis zeigte, dass der Steigerung der eigenen Innovation das meiste Potenzial zugesprochen wurde. Abb. 2.1 stellt das Ergebnis der Studie dar.

2.2.3 Innovationsmanagement

Innovationsmanagement ist eine integrierte und ganzheitliche Aufgabe des allgemeinen Unternehmens-Managements zur Sicherung der zukünftigen Wettbewerbsfähigkeit des Unternehmens. Es bezeichnet die systematische Planung, Steuerung und Kontrolle von Innovationen und deren Integration in die Organisationen [6]. Die Unternehmensstruktur muss flexibel ausgerichtet sein, so dass eigenständig Innovationen gefördert und nicht behindert werden [2]. Michael E. Porter stellte den Zusammenhang der Technologie- und Innovationsentwicklung zur primären Wertschöpfung

Abb. 2.1 Profitabilitäts- und Wachstumssteigerung. (Eigene Darstellung, in Anlehnung an Studie Arthur D. Little Innovation Excellence Studie 2004, Quelle [1])

Abb. 2.2 Wertschöpfungskette (Value Chain) nach Michael E. Porter. (Eigene Darstellung, in Anlehnung an Porter [4])

als eigenen „unterstützenden" Wertschöpfungsprozess dar. Abb. 2.2 zeigt die gesamte Wertschöpfungskette aus Unternehmersicht nach Porter.

Auf Grund der zunehmenden Globalisierung und kürzeren Innovationszyklen gestalten sich Märkte zunehmend dynamisch, komplex und wettbewerbsintensiv. Unternehmen, die es verstehen, sich innovativ zu organisieren, um im internationalen Wettbewerb zu bestehen, können sich Wettbewerbsvorteile verschaffen [2]. Die strategische Ausrichtung des Unternehmens erfordert demnach die richtige Auswahl der Innovationsprogramme und deren Organisation. Die Innovationsprogramme werden aus der Unternehmenspolitik abgeleitet und geben die strategische Richtung zukünftiger Innovationen vor, um die Marktposition im Wettbewerb zu optimieren. Innovationen, die bereits im Markt platziert wurden, werden ausgebaut, um evtl. Markteintrittsbarrieren für andere Mitbewerber zu schaffen oder eine Komplexitätsreduktion der Eigenfertigung durchzuführen [6].

Der Neuentwicklungsprozess nach Robert G. Cooper gestaltet sich als Stage-Gate-Prozess, mit dessen Hilfe die Innovationen effektiv auf den Markt gebracht werden können. Dazu wird der Prozess in die fünf Phasen (Stages) unterteilt, an denen gleichzeitig mit unterschiedlicher Intensität, gearbeitet wird. Die Phasen werden wie folgt unterteilt:

- Zielplanung
- Strategische Analyse
- Strategiebewertung und Auswahl
- Strategieformulierung
- Strategieimplementierung und Evaluation

Jeder Abschnitt wird durch ein Tor (Gate) gestartet und mit Kontrolle des Prozesses abgeschlossen [10]. Abb. 2.3 zeigt den Stage-Gate-Prozess in seinen Abschnitten und Toren.

Der Erfolg für Innovationen stellt sich durch zwei Faktoren ein, zum einen durch die Innovation selbst und zum anderen durch die erfolgreiche Umsetzung am Markt. Bei Übereinstimmung der Innovationsziele mit ihrer Unternehmensstrategie steigen die Chancen, führende Marktpositionen zu erreichen. Innovationen in evolutionärer und revolutionärer

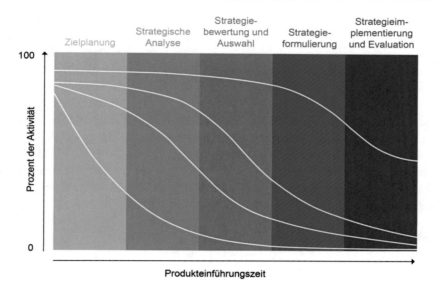

Abb. 2.3 Stage-Gate-Prozess. (Nach Quelle [9])

Weise bergen Risiken, welche Unternehmen dennoch eingehen, um ihre Wettbewerbsfähigkeit zu sichern und Wachstum zu generieren [2]. Durch ausführliche Markt- und Wettbewerbsanalysen können diese Risiken weitestgehend reduziert werden. Weiterführend werden rechtliche und regulatorische Probleme analysiert, woraus letztendlich, unter weiterer finanzieller Betrachtung, der Business-Case formuliert wird [6]. Im Maschinen- und Anlagenbau finden, speziell zur Neuproduktentwicklung, Lasten- und Pflichtenhefte Verwendung [10].

2.3 Strategisches Management der Geschäftsmodelle

Die Organisation und Strukturierung der Unternehmensaktivitäten obliegt der Unternehmensführung und deren strategischem Management. Die Aufgabe des strategischen Managements ist, Entscheidungsgrundlagen zu erarbeiten, die die Grundlage für den Entwicklungsprozess der Geschäftsfelder eines Unternehmens liefern [10]. Der Unternehmensführung obliegt die Aufgabe, dass unternehmerische Handeln – unter Berücksichtigung der Umgebungsbedingungen – auf die Wertschöpfungszwecke auszurichten [10]. Marktbezogen werden diese Aktivitäten in strategische Geschäftsfelder und innerhalb des Unternehmens in strategische Geschäftseinheiten strukturiert [3].

Ein Geschäftsmodell versteht sich als eine Beschreibung, „wie ein Unternehmen die Ressourcen, die Planungsfähigkeiten und die Prozesse auf die Erlös schaffenden Potenziale eines Produktes oder einer Dienstleistung ausrichtet" [7]. Gerade in einer sich stark verändernden Umwelt gestalten sich Strategien als wichtige Orientierungs- und Entscheidungshilfe, welche mit dem Entwurf einer Strategie im Hinblick auf die Innovationsaktivitäten beginnt [2]. Die Unternehmensstrategie wird als „Muster von Entscheidungen eines Unternehmens" bezeichnet „welche Zweck und Ziele des Unternehmens bestimmt" [2]. Strategien, die im Maschinenbau in der Vergangenheit zum Erfolg geführt haben, erweisen sich im Zeitalter der vierten industriellen Revolution auf Grund neuer Technologien unter Umständen nicht mehr als gewinnbringend. Um die Innovationsfähigkeit in dem neuen Zeitalter zu sichern, ist es wichtig, nicht nur auf Produkt- und Dienstleistungsebene, sondern auch auf Ebene der Geschäftseinheit bzw. des Unternehmens innovativ zu sein. Strategisches Management der Geschäftsmodelle beginnt mit dem Entwurf (Initiierung) der Geschäftsmodell-Ideengewinnung [3].

Auf Basis bestehender Ansätze innerhalb der Literatur findet die weitere Strukturierung nachfolgend statt. Die einzelnen Phasen sind nicht isoliert voneinander zu betrachten, sondern wie im Management von Innovationen in Form von Vor- und Rückkopplungen verbunden [10].

- Initiierung, Geschäftsmodell-Ideen-Gewinnung
- Positionierung, Visions-Entwicklung und Geschäftsmodell-Prototyp-Entwicklung
- Wertschöpfung, Geschäftsmodell-Entwicklung
- Veränderung; Geschäftsmodell-Implementierung
- Performance Messung, Geschäftsmodell-Anpassung oder Erweiterung

2.3.1 Initiierung

Ausgangspunkt von Geschäftsmodell-Innovationen ist die Initiierung aus Ideen und Visionen für neue und innovative Geschäftsmodelle. Um Ideen für Geschäftsmodelle zu gewinnen, werden idealerweise Kreativtechniken, z. B. in Form von Brainstorming, eingesetzt, um in Teams innovative Lösungen zu entwickeln. Auslöser für die Initiierung können überall im Unternehmen entstehen und sie können aus allen Hierarchieebenen stammen.

2.3.2 Positionierung

Unter Positionierung eines Geschäftsmodells versteht man die Ausrichtung des Unternehmens auf das Außenverhältnis. Auf Basis der Geschäftsmodell-Ideen werden die Ansprüche der Umwelt analysiert, welche sich aus Kundenbedürfnissen oder Technologie-Trends ergeben (Makro- und Mikro-Umwelt) [7]. Die Umwelt oder die Anspruchsgruppen (Stakeholder) sind die, welche einen Einfluss auf das Unternehmen mit seinen Aktivitäten ausüben. Bezogen auf das eigene Geschäftsmodell erfolgt eine Umweltanalyse im Schritt der Positionierung aus Sichtweise des Kunden, um Bedürfnisse abzuleiten und – aus Sichtweise des Unternehmens – um Ressourcen festzulegen. Beide dienen als Grundlage zur Erstellung neuer Geschäftsmodell-Prototypen für die Implementierung im Unternehmen.

In den letzten Jahren haben sich verschiedene theoretische Ansätze der strategischen Positionierung und Strategieformulierung im strategischen Management herausgebildet, die sich in drei verschiedene Arten unterteilen lassen [3]:

- Industrieökonomik; beschreibt die Interaktion zwischen Markt und Unternehmen.
- Institutionenökonomik; beschreibt die optimale Gestaltung der Koordinationsform und bietet somit Effizienzvorteile durch Minimierung von Transaktionskosten.
- Evolutionstheorie; Weiterentwicklung durch Variationen, welche die jeweilige Selektion überstanden haben.

Der deutsche Maschinen- und Anlagenbau positioniert sich im Wesentlichen mit den Ansätzen der Industrieökonomik und der Evolutionstheorie. Die Industrieökonomik ist besonders von Bedeutung, da aus individuellen Kundenanforderungen und technologischem Know-how des Maschinen- und Anlagenbaues Nischenprodukte geschaffen werden und so eine vorteilhafte Position in einer geschützten Industrie erzielt wird (Marktmacht). Die Evolutionstheorie ist von Bedeutung, da die Produkte einer Produktentwicklung unterliegen und diese so schrittweise durch Know-how-Entwicklung des Maschinen- und Anlagenbauers einer kontinuierlichen Erweiterung unterliegen [11]. Institutionenökonomik wird für den Maschinenbau ebenfalls im Zuge der vierten industriellen Revolution zunehmend wichtiger, da der Maschinen- und Anlagenbauer seine eigenen Wertschöpfungsprozesse optimieren muss, um sich auf die komplexe, dynamische und schnell wandelnde Umwelt einzustellen (vgl. Revolution der Industrie Abschn. 2.1 und Wertschöpfungsprozess Abschn. 2.3.3).

Die Unternehmens- und Umweltanalyse dient dem Zweck, Aufschluss über die Einflusskräfte von Unternehmen auf die Umwelt zu gewinnen. Damit erhält man ein Bild von der momentanen Position und über die zu erwartenden Veränderungen eines Unternehmens. Durch Segmentierung und Abgrenzung in strategische Geschäftsfelder gelingt es Unternehmen, sich individuell auf die jeweiligen Bedürfnisse des Marktes einzustellen. Das allein dient dem Zweck, die Komplexität der Geschäftsumwelt in überschaubare Bereiche zu zerlegen. Typischerweise erfolgt die Abgrenzung der Geschäftsfelder unter folgenden Kriterien: Produkte, Marktsegment, Kundennutzen, Technologien, Geografie, Kostenstrukturen. Ein Beispiel für den Maschinenbau wären Montagemaschinen, Dosiermaschinen, Etikettiermaschinen und Inspektionsmaschinen für unterschiedliche Märkte und Regionen. Das Gegenstück zu den strategischen Geschäftsfeldern bilden die strategischen Geschäftseinheiten, welche sich durch die interne Segmentierung abgrenzen. Die Inside-Out-Segmentierung nimmt dabei Segmente des bestehenden Angebotes als Ausgangspunkt, Outside-In-Segmentierung richtet sich nach den Bedürfnissen und Anspruchsgruppen [3].

2.3.2.1 Einflusskräfte der Umwelt

Jedes Geschäftsfeld ist durch eine Reihe von Einflusskräften charakterisiert, welche sich in Anspruchsgruppen (Stakeholder) unterteilen lassen. Stakeholder-Interessen können zum Beispiel seitens Kunden auftreten, die ein bestimmtes Preis-Leistungs-Verhältnis erwarten, oder als Interessen vonseiten der Öffentlichkeit, die ein bestimmtes Qualitätsmerkmal eines Produktes erwartet. Stakeholder lassen sich sortieren, um eine Priorisierung ihrer Wichtigkeit hinsichtlich ihrer Anforderungen zu erhalten. Das erfolgt in einer „Power-Interest"-Matrix um die Relevanz der Anspruchsgruppe festzustellen und zu priorisieren. Kunden sowie Absatzmärkte bilden die zentrale Nachfrage wirtschaftlicher Aktionen. Absatzmärkte werden dabei in zwei Markttypen unterteilt, Konsumgütermärkte und Investitionsgütermärkte, wobei der Maschinenbau auf beiden Märkten anzutreffen ist. Eine Marktsegmentierung ist im Maschinenbau ebenfalls enthalten. Dabei konzentrieren sich einzelne Geschäftsfelder auf die attraktivsten und auf die, die es auf Grund seiner Fähigkeit auch bedienen können. Die Marktakzeptanz bestimmt sich dadurch, wie schnell sich neue Technologien am Markt etablieren können. Die Marktakzeptanz kann nur unter zwei wesentlichen Bedingungen erreicht werden. Zum einen muss der potenzielle Anwender einen wesentlichen Mehrwert in der neuen Technologie erkennen und zum anderen muss Vertrauen in die neue Technologie bestehen [11].

Die Analyse des Wettbewerbs in der eigenen Branche ist ein wichtiger Baustein, um die eigene Wettbewerbsposition zu analysieren. Michael E. Porter hat dazu fünf wesentliche Einflusskräfte betrachtet, welche die Wettbewerbsintensität und das Gewinnpotenzial in der Branche bestimmen (Market Based View) [3]. Markt und Lieferanten und den hier vorliegenden Wettbewerb in der Branche werden in der mikroökonomischen Analyse zusammengefasst. Abb. 2.4 zeigt die Wettbewerbskräfte der Mikro-Umwelt.

Je mehr Anbieter Marktchancen in einem neu geschaffenen Markt haben und es Substitutionspotenzial gibt, desto stärker wird der Wettbewerb um Marktanteile. Besonders im Maschinenbau haben Lieferanten wesentlichen Einfluss auf die Wertschöpfungskette der Unternehmen. Qualität der Fertigung, Fertigungsmöglichkeiten und das Produkt bestimmen den Erfolg des Endproduktes auf Grund der geforderten Prozess- und Materialgenauigkeiten. Neu entstehende Technologien der vierten industriellen Revolution schaffen neue Möglichkeiten des Regelbruchs für etablierte Geschäftsfelder und öffnen somit einen regen Wettbewerb für neuartige und wertsteigernde Angebote [11].

Zur mikroökonomischen Analyse nach Michael E. Porter gehört die makroökonomische Analyse für Unternehmen. Im Gegensatz zur Mikro-Umwelt kann die Makro-Umwelt von Unternehmen nicht beeinflusst werden. Zur Untersuchung der Makro-Umwelt kann die PESTLE-Analyse verwendet werden welche die politischen, ökonomischen, sozialen, technologischen, ökologischen und rechtlichen Einflusskräfte für ein Unternehmen betrachtet. Abb. 2.5 zeigt den Zusammenhang zwischen Makro- und Mikro-Umwelt.

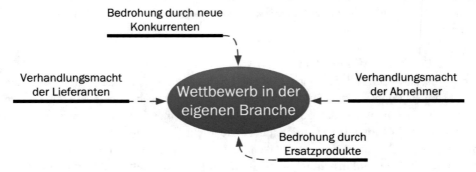

Abb. 2.4 Wettbewerbskräfte der Mikro-Umwelt nach Michael E. Porter. (Eigene Darstellung, nach Quelle [4])

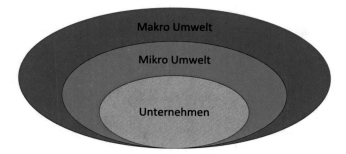

Abb. 2.5 Zusammenhang der Makro- und Mikro-Umwelt. (Eigene Darstellung)

Politische Unterstützung

Die politische Unterstützung zur vierten industriellen Revolution ist eine der bedeutendsten bzgl. der Gesetzgebung (aktuelle und anstehende) zur Datensicherheit und länderübergreifenden Kommunikation. Finanzielle Förderprogramme zur Unterstützung der technischen Entwicklungen und Förderung von Industriestandards der IT zählen ebenfalls als ein wichtiger Indikator. Der flächendeckende Ausbau der IT Infrastruktur zur benötigten Vernetzung charakterisiert derzeit die politischen Initiativen Deutschlands. Denn bei fehlender Infrastruktur kann die Netzneutralität[3] gefährdet sein, woraus sich hohe Preise für Breitbandanbindungen ergeben. Damit würde Unternehmen Bandbreite für ein stabiles Betreiben ihrer Kommunikation fehlen [11].

Technologische Basis und Reifegrad

Die technologische Basis und der Reifegrad zur Umsetzung der vierten industriellen Revolution ist von wesentlicher Bedeutung, um überhaupt die Vision der Selbstoptimierung, Selbstkonfiguration umsetzen zu können. Zur Umsetzung muss geprüft werden, ob vorhandene Technologien zur Verfügung stehen, um die Anforderungen der vierten industriellen Revolution mit verbesserter Kommunikation und Wissensgenerierung durchzuführen. Erst wenn neue Technologien am Markt verfügbar werden, können auf deren Grundlage neue Geschäftsmodelle kreiert werden. Fragestellungen zur IT-Sicherheit stehen in der vierten industriellen Revolution besonders im Vordergrund und sind von wesentlicher Bedeutung, da diese direkten Einfluss auf die Betriebssicherheit (z. B. fahrerlose Transportsysteme) und Betriebsschutz (Vertraulichkeit von Daten) haben. Beide Systeme dürfen dabei keinen Einfluss aufeinander ausüben und müssen seitens der IT-Sicherheit strikt getrennt werden, um Integrität und Vertraulichkeit des Betriebsschutzes zu gewährleisten [11].

Klassische Konzepte der Informations- und Kommunikationstechnologie basieren auf der Struktur in Top-Down-Architektur und sind für die Anforderungen der vierten industriellen Revolution nur bedingt ausgelegt, woraus sich eine Anpassung der Infrastruktur

---

[3] Netzneutralität bezeichnet die Gleichbehandlung von Daten bei der Übertragung im Internet und den diskriminierungsfreien Zugang bei der Nutzung von Datennetzen.

ergeben würde. Hard- und Software-Konzepte müssen sicher integriert werden und dennoch den Anforderungen der Vernetzung der vierten industriellen Revolution zu entsprechen [11].

Rechtssicherheit

Zur vierten industriellen Revolution stehen besonders die Fragen zu den Eigentumsverhältnissen an den generierten Daten im Vordergrund. Werden Daten über den gesamten Product-Life-Cycle gesammelt und verarbeitet, müssen die Verwendungsrechte geklärt sein, also die Besitzrechte und Verwendungsbefugnisse. Ebenfalls sehr relevant sind die Haftungsfragen zu Systemen mit integrierter Selbstoptimierung und Selbstkonfiguration in der vierten industriellen Revolution. Fragen zur Produkthaftung bei autonomen Systemen und Fragen zur Umsatzsteuer bei länderübergreifenden Angeboten sind heute noch ungeklärt.

Die Ergebnisse der makroökonomischen Analyse können z. B. in einer SWOT[4]-Analyse ausgewertet werden, um sich so einen Überblick der strategischen Optionen zu verschaffen [3].

Einflusskräfte von Umwelt und Unternehmen können nicht isoliert voneinander betrachtet werden. Neben einer SWOT-Analyse, welche die Einflussfaktoren Umwelt und Unternehmen gemeinsam betrachtet, fokussiert sich die Kernfähigkeiten-Szenario-Analyse auf die Kernkompetenzen des Unternehmens.

2.3.2.2 Einflusskräfte des Unternehmens

Neben den Einflusskräften der Umwelt sind die wesentlichen Einflusskräfte des Maschinenbaus relevant.

Eigene Ressourcen, eigene Fähigkeiten und Kernkompetenzen sind von Bedeutung zur Sicherung der Wettbewerbsvorteile (Resource Based View/Knowledge Based View) [3]. Denn wenn sich Unternehmen mit ihren eigenen Ressourcen von Marktbegleitern signifikant differenzieren, wird das langfristig über den unternehmerischen Erfolg entscheiden. Hingegen ist der Grundgedanken des wertorientierten Ansatzes (Value Based View), das unternehmerische Handeln an der Maximierung von Gewinn und Eigenkapitalrendite auszurichten. Die markt- und ressourcenorientierten Ansätze gelten als die zwei wesentlichen strategischen Theorien zur Entwicklung von Marktvorteilen. Durch die gesamthafte Betrachtung des externen und internen Umfeldes ergibt sich ein valides Gesamtbild zu den Rahmenbedingungen des strategischen Handelns. Nur aufgrund der Bildung eines Gesamtbildes erfolgt die optimale Wertschöpfung [10].

2.3.2.3 Portfoliomanagement

Die Portfolioanalyse ist der am weitesten verbreitete Ansatz des strategischen Managements. Sie dient der integrierten Steuerung des Unternehmens und zur Ableitung der

---

[4]Analyseverfahren für Strengths (Stärken), Weaknesses (Schwächen), Opportunities (Chancen) und Threats (Gefahren).

Strategien, um eine ausgewogene Geschäftsstruktur zu entwickeln und damit langfristig die Unternehmensstabilität und den Unternehmenserfolg zu sichern [3]. Ein ganzheitliches Portfoliomanagement erstreckt sich über alle Phasen des strategischen Managementprozesses und kann in allen Unternehmensebenen eingesetzt werden, um Geschäftsaktivitäten und Produkte strategisch auszurichten. Dabei betrachtet es das Gesamtportfolio der Geschäftsfelder eines Unternehmens anhand markt-, wert- und ressourcenorientierter Bewertungsfaktoren entlang des gesamten Product-Life-Cycle [10].

Um die Struktur der ausgewogenen Geschäftseinheiten darzustellen, wurde von der Boston Consulting Group die Marktanteils-/ Marktwachstums-Portfolio-Matrix entwickelt. Hier lassen sich die Normstrategien anhand der entstehenden Vier-Felder-Matrix ableiten, nachdem die jeweiligen Geschäftsfelder in der Matrix positioniert wurden. In der Marktattraktivitäts/Wettbewerbsstärken-Matrix von McKinsey lassen sich anhand der Neun-Felder-Matrix weitere Investitions- und Wachstumsstrategien ableiten. Die Technologie-Portfolio-Analyse nach Werner Pfeiffer ist ein Instrument des Innovationsmanagements und dient der Bewertung von neuen Technologien, um Entscheidungsgrundlagen zu Investition und Desinvestition zu liefern. Der Schwerpunkt von Produktportfolios liegt auf den Neuproduktentwicklungen der Geschäftsbereiche. Nach Robert G. Cooper sind Neuproduktentwicklungen so zu optimieren, dass sie mit den Ressourcen des Unternehmens umgesetzt werden können. Ineffiziente Entwicklungen werden selektiert, um lange Produkteinführungsphasen zu vermeiden, womit die richtige Balance bei den Entwicklungen zur Wertmaximierung gefunden werden kann [10].

Portfoliomanagement wird im Rahmen dieser Studie als ein Instrument zur Gestaltung und Steuerung bestehender und zukünftiger Produkt-Markt-Aktivitäten verstanden. Durch die Portfolioanalyse ist im Rahmen des Portfoliomanagements eine Analyse mit unterschiedlichen Ansichten der bestehenden Unternehmensaktivitäten möglich. Eine Kombination von Markt-, Ressourcen- und Technologie- Portfolioanalysemodellen soll verwendet werden, um ein ganzheitliches Bild hinsichtlich der Produkt-Markt-Aktivitäten zu erhalten. Besonders für den Maschinenbau sind Analysetechniken zu Entwicklungen für weitere Produktentwicklungen und den technologischen Fortschritt zwischen den Branchen unabdingbar.

2.3.3 Wertschöpfung

Positionierung und Wertschöpfung sind direkt miteinander verbunden. Je nach festgelegter Strategie entscheidet sich das Handeln in der Wertschöpfung. Es geht damit um die Ausgestaltung des Innenverhältnisses, mit welchen Aktivitäten und Ressourcen die Strategie der Positionierung umgesetzt werden kann. Die bereits vorgestellte Wertschöpfungskette (Value Chain) nach Michael E. Porter in Abb. 2.2 kann dazu verwendet werden, um die Wertschöpfung eines Unternehmens darzustellen [3]. Besonders in Bezug auf die Veränderungen der vierten industriellen Revolution im Maschinenbau muss die Wertekette neu betrachtet werden, um den Anforderungen gerecht zu werden (vgl. Revolution der Industrie Abschn. 2.1).

2.3.3.1 Machbarkeit und Risikograd

Die Machbarkeitsabschätzung erfolgt gewöhnlich mit Instrumenten wie Marktanalysen, Produkt- und Produktionskonzepten, Herstellbarkeits- und Risikoanalysen. Der Risikograd bestimmt, welche Realisierungsrisiken zu erwarten sind. Es werden zur Geschäftsmodell-Entwicklung sechs Risikograde festgelegt [2]:

1. Die Entwicklungsaufgaben sind mit Schwierigkeiten verbunden, die eine Lösung unter ingenieurmäßigen Gesichtspunkten auf Anhieb nicht erwarten lassen.
2. Es stehen Entwicklungsaufgaben an, die mit der Lösung von in der Branche nicht geläufigen technischen Problemstellungen verbunden, aber unter ingenieurmäßigen Gesichtspunkten noch beherrschbar sind.
3. Es stehen nach ingenieurmäßigen Gesichtspunkten noch erhebliche, allerdings noch mit ingenieurmäßigen Methoden beherrschbare Entwicklungsaufgaben an.
4. Es handelt sich um komplexe Forschungsaufgaben, die mit einigen Schwierigkeiten verbunden sind und den Einsatz von in der Branche nicht geläufigen Technologien oder Materialien erforderlich machen.
5. Bei der Lösung der Forschungsaufgaben wird der Einsatz von neuen Technologien erforderlich bzw. werden in Teilbereichen technische Machbarkeitsgrenzen tangiert.
6. Es stehen Forschungsaufgaben an, bei denen neue Technologien für bestimmte Entwicklungen erschlossen werden, auf die dann bislang nicht gekannte Produkte oder Produktionsverfahren aufbauen. Mit den Forschungsaufgaben werden technische Machbarkeitsgrenzen tangiert.

2.3.3.2 Ressourcen- und Kostenbedarf

Die Festlegung von materiellen und immateriellen Ressourcen und den daraus abzuleitenden Kosten zur Entwicklung von Geschäftsmodellen ist notwendig, um die Leistung zu erbringen und die Kundenbeziehung aufzubauen bzw. aufrechtzuerhalten [7]. Weiterführend zur Geschäftsmodellentwicklung gehört das Outsourcing und Insourcing von Ressourcen, also eine Veränderung der Wertschöpfungskette, um sich mit der Struktur auf

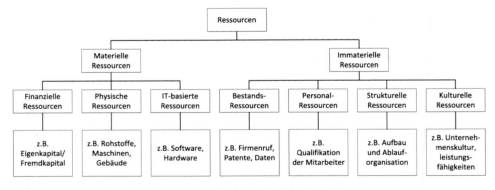

Abb. 2.6 Allgemeingültige Ressourcen. (Nach Quelle Schallmo [7])

Produktinnovationen auszurichten [2]. Entsprechend zur Zielsetzung des Unternehmens können auch durch Partnerschaften, Joint Ventures, Kooperationen, Rahmenverträge oder andere vertragliche Regelungen Ressourcen für die Wertschöpfungskette gebildet werden [6]. In Abb. 2.6 werden allgemeingültige Ressourcentypen dargestellt.

Um die Leistung letztendlich zu erbringen, sind Fähigkeiten der Ressourcen notwendig, damit sich die notwendigen Prozesse umsetzen lassen. Die Prozesse werden anhand einer Wertekette entwickelt und als Geschäftsmodell dargestellt (vgl. Abb. 2.2).

2.3.3.3 Time-to-Market

Time-to-Market definiert die Zeit von der Produktentwicklung bis zur Markteinführung. Zwei Aspekte begrenzen dabei die Periodendauer, die Planung und letztendlich die Markteinführung. Der Time-to-Market-Prozess erfolgt dabei, wie bereits beschrieben, im Stage-Gate-Prozess nach Robert G. Cooper mit fließenden Phasenübergängen, um systematisch den Innovationsprozess zu steuern und zu kontrollieren. Um eine Vergeudung von Ressourcen zu vermeiden, werden durch die systematische Steuerung des Prozessablaufes die Projekte effektiv geführt [2].

Je mehr Anbieter in einem neu geschaffenen Markt stehen und es Substitutionspotenzial gibt, desto stärker wird der Wettbewerb um Marktanteile. Daher sind zur Sicherung von Wettbewerbspositionen besonders in umkämpften Märkten kurze Time-to-Market-Phasen erforderlich.

2.3.4 Veränderung

Veränderung beschäftigt sich mit den vorab festgelegten, strategischen Initiativen zur Neuausrichtung der Geschäftsprozesse- und Modelle des Unternehmens. Neue Denkweisen, Regeln, Verhaltensweisen sollen dabei wesentliche Teile des Unternehmens verändern, um so das Überleben und die Steigerung der Performance zu sichern. Die Veränderungsprozesse können dabei in evolutionärer oder revolutionärer Form erfolgen. Evolutionärer Wandel erfolgt durch Lernprozesse (vgl. Evolutionstheorie im Abschn. 2.3.2), welche die Produkte und Prozesse kontinuierlich verändern. Revolutionärer Wandel hingegen implementiert eine schnelle, umfassende und tief greifende Veränderung der Wertschöpfungskette: Change-Management-Ansätze spielen hier eine besondere Rolle [3]. Veränderungen können sich dabei in den Bereichen der Aufbauorganisation oder Ablauforganisation ergeben. Bei einem revolutionären Wandel, wie ihn die vierte industrielle Revolution mit sich bringen kann, können Veränderungen in der Aufbauorganisation oder Ablauforganisation gravierend sein. Entstehende neue Abteilungen oder Arbeitsabläufe werden effizienter gestaltet und automatisiert, wodurch neue oder modifizierte Erwartungen an die Mitarbeiter gestellt werden. Dabei sind vier Kernthemen für die Umsetzung eines revolutionären Wandels im Unternehmen wichtig [8]:

- Entwicklung und Umsetzung einer Vision
- Kommunikation mit den Betroffenen

- Beteiligung der Betroffenen
- Qualifizierung der Betroffenen

2.3.5 Performance Messung

Die Performance-Messung dient dazu, die eingesetzte Strategie und deren Umsetzung zu überprüfen. Eine wichtige Funktion der Performance-Messung ist der Lerneffekt, um damit die festgelegten Strategien und Maßnahmen ggf. anzupassen oder zu korrigieren. Ein bekanntes Instrument zur Performance-Messung ist die Balanced Scorecard. Die Balanced Scorecard betrachtet vier Bereiche des Unternehmens, legt strategische Ziele fest und definiert Performance-Treiber, um das Ziel zu erreichen und bestimmte Messgrößen daraufhin zu vergleichen, ob das Ziel erreicht wurde. Die vier Betrachtungsbereiche der Balanced Scorecard sind:

1. Lern- & Entwicklungsperspektive
2. Interne Prozessperspektive
3. Kundenperspektive
4. Finanzperspektive

Finanzielle Kennzahlen geben Auskunft, um über den aktuellen Zustand des Unternehmens und über den Fortschritt strategischer Initiativen Auskunft zu geben. Rechnungslegungs-orientierte Kennzahlen wie Kapitalrendite, Betriebsrentabilität (Return of Investment) oder wertorientierte Kennzahlen wie Barwertmethoden (Discounted Cash Flow), Kapitalkosten (Weighted Average Costs of Capital) spielen dabei eine wichtige Rolle. Diese werden durch das interne Controlling erfasst und entsprechend ausgewertet, um korrektive Maßnahmen zur Anpassung festzulegen.

Literatur

1. D. LITTLE, Arthur: Innovation Excellence Studie: Innovationsmanagement als strategischer Hebel zur Ergebnisverbesserung. 2004
2. KASCHNY, Martin; NOLDEN, Matthias; SCHREUDER, Siegfried: Innovationsmanagement im Mittelstand: Strategien, Implementierung, Praxisbeispiele. Wiesbaden: Springer Gabler, 2015 http://search.ebscohost.com/login.aspx?direct=true&scope=site&db=nlebk&AN=999293. – ISBN 978–3–658–02544–1
3. MÜLLER-STEWENS, Günter ; LECHNER, Christoph: Strategisches Management: Wie strategische Initiativen zum Wandel führen. 4., überarb. Aufl. Stuttgart: Schäffer-Poeschel, 2011 http://site.ebrary.com/lib/alltitles/docDetail.action?docID=10773132. – ISBN 978–3791027890
4. PORTER, Michael E.: Competitive advantage: Creating and sustaining superior performance ; with a new introduction. New York: Free Press, 1998 http://www.loc.gov/catdir/bios/simon051/98009581.html. – ISBN 978–0684841465

5. QIAN, Yanyun: Strategisches Technologiemanagement im Maschinenbau: Erfolgsfaktoren chinesischer Maschinenbauunternehmen im kompetenzbasierten Wettbewerb. Stuttgart, Universität Stuttgart, Dissertation, 2002. http://elib.uni-stuttgart.de/opus/

6. SCHUH, Günther: Innovationsmanagement: Handbuch Produktion und Management 3. 2., vollst. neu bearb. und erw. Aufl. Berlin, Heidelberg: Springer, 2012 (VDI-Buch). https://doi.org/10.1007/978-3-642-25050-7. – ISBN 978–3–642–25049–1

7. SCHALLMO, Daniel R.: Geschäftsmodelle erfolgreich entwickeln und implementieren: Mit Aufgaben und Kontrollfragen. Berlin, Heidelberg, s.l.: Springer Berlin Heidelberg, 2013. https://doi.org/10.1007/978-3-642-37994-9. – ISBN 978–3–642–37993–2

8. STOLZENBERG, Kerstin; HEBERLE, Krischan: Change Management: Veränderungsprozesse erfolgreich gestalten – Mitarbeiter mobilisieren. Vision, Kommunikation, Beteiligung, Qualifizierung. 3., überarb. Aufl. 2013. Berlin, Heidelberg: Springer, 2013. https://doi.org/10.1007/978-3-642-30106-3. – ISBN 978–3–642–30105–6

9. VERWORN, Herstatt: The innovation process: An introduction to process models. Technical University of Hamburg (Harburg), 2002

10. WENDT, Susanne: Strategisches Portfoliomanagement in dynamischen Technologiemärkten: Entwicklung einer Portfoliomanagement-Konzeption für TIME Unternehmen: Univ., Diss. – Bamberg, 2012. Wiesbaden: Gabler Verlag, 2013 (Unternehmensführung & Controlling). https://doi.org/10.1007/978-3-8349-4273-9 – ISBN 978–3–8349–4272–2

11. WIESELHUBER und PARTNER GMBH: Geschäftsmodell-Innovation durch Industrie 4.0: Chancen und Risiken für den Maschinen- und Anlagenbau. 2015

Evolutionäre Geschäftsmodelle im Maschinenbau

3

Zusammenfassung

Im dritten Kapitel der evolutionären Geschäftsmodelle wird davon ausgegangen, dass die Weiterentwicklung des Standes der Technik im Maschinen- und Anlagenbau zur vierten industriellen Revolution in evolutionärer Weise kontinuierlich erfolgt. Die Makro- und Mikro-Umweltanalyse ergibt, dass für evolutionäre Geschäftsmodelle die technologische Basis, der Reifegrad, die Rechtssicherheit und die politische Unterstützung zur Umsetzung gegeben sind. Für den Maschinenbau ergeben sich durch den fehlenden Wettbewerb in der Branche keine bzw. kaum Bedrohungen durch Konkurrenten und Ersatzprodukte. Auf Grund der fehlenden Industriestandards zu Schnittstellen in Cloud-Umgebungen und Cyber-physischen Systemen ist der Wettbewerb nicht gegeben. Am Beispiel der Predictive-Maintenance-Technologie wird für ein Beispielunternehmen aus dem Maschinen- und Anlagenbau ein neues Konzept für Wartungsverträge entwickelt. Für das Predictive-Maintenance-Konzept kann gegenüber dem herkömmlichen Wartungsvertrag eine Kostenersparnis von 40 %, bei gleichzeitiger Laufzeitverlängerung um das Dreifache erzielt werden. Im Abschnitt zur Strategieimplementierung wird ermittelt, dass Lern-und Fortbildungsbedarf auf dem Gebiet der IT für den Maschinen- und Anlagenbauer besteht. Die übergeordnete Vernetzung des Product-Life-Cycle erfordert IT-Kompetenzen, die ein Maschinenbauunternehmen bisher nicht lieferte.

Die Werte des Maschinen- und Anlagenbaus in Deutschland sind typischerweise Qualität, Technologieführung und die Weiterentwicklung des eigenen Produktes nach Kundenbedürfnissen. Die Entwicklung der Produkte geschieht überwiegend in kleinen Schritten und

© Springer Fachmedien Wiesbaden GmbH, ein Teil von Springer Nature 2018
H.-J. Born, *Geschäftsmodell-Innovation im Zeitalter der vierten industriellen Revolution*, https://doi.org/10.1007/978-3-658-21171-4_3

in evolutionärer Weise. Sie folgt damit dem theoretischen Ansatz der Evolutionstheorie (siehe Abschn. 2.3.2). Die stufenweise Entwicklung ist vorteilhaft, wenn der Erfolg eines Produktes schwer abzuschätzen ist, um die Risiken damit entsprechend zu reduzieren. Diese Methode kann jedoch nur angewendet werden, wenn die Technologie die schrittweise Erweiterung zulässt und die Investitionskosten nicht die Kosten für ein Neuprojekt übersteigen [6].

Dieses Kapitel betrachtet die evolutionäre Entwicklung bestehender Hard- und Softwareangebote des Maschinen- und Anlagenbaus, wobei die Art und Weise des Leistungsangebotes weitgehend erhalten bleibt. Im evolutionären Geschäftsmodell steht die schrittweise Weiterentwicklung der datentechnischen Vernetzung von Produkten und Dienstleistungen im Vordergrund.

3.1   Initiierung des evolutionären Maschinenbaus

Der deutsche Maschinen- und Anlagenbau ist nach den Angaben des Statistischen Bundesamts mit rund einer Millionen Beschäftigten der größte Industriezweig Deutschlands, wobei jedes Unternehmen im Schnitt 175 Mitarbeiter beschäftigt [4]. Damit ist der Maschinen- und Anlagenbau überwiegend mittelständig geprägt. Das Angebot des klassischen Maschinen- und Anlagenbaus besteht aus einer Kombination von spezifischen Kundenanforderungen aus Produkten und Dienstleistungen. Die Dienstleistungen beziehen sich dabei meistens auf das Produkt, um dieses kundenspezifisch anzupassen, beim Kunden in Betrieb zu nehmen und nachfolgend Service und Wartung anzubieten und durchzuführen. Dadurch positioniert das Maschinenbauunternehmen sein technologisch hoch entwickeltes Produkt in einer sehr engen Nische. Diese Positionierung folgt damit der Theorie der Industrieökonomik (Marktmacht) (siehe Abschn. 2.3.2). Das Geschäftsmodell des Maschinenbaus besteht aus dem Erzielen von Erträgen aus dem Produktverkauf und den Dienstleistungen. Die Wertschöpfungskette besteht wesentlich aus der Produktentwicklung und der Systemintegration der Maschine, inklusive der Montage und Inbetriebnahme beim Kunden. Auf Grund der technologischen Komplexität nutzt der Maschinenbau zu zirka 20 % das Know-how von externen Lieferanten oder Partnern, da er selbst nicht alle notwendigen Kernkompetenzen der Lieferkette abdecken kann [15]. Die Kostenstruktur des Maschinen- und Anlagenbaus ist durch hohe Anfangsinvestitionen geprägt, die mit der Beschaffung von kostenintensiven Maschinenteilen verbunden sind. Langjährige Erfahrung mit der Kundenbranche mit entsprechender Know-how-Ausprägung bilden das Produkt-Markt-Modell, welches einen Markteintritt für Wettbewerber wesentlich erschwert.

Nach einer Studie des Fraunhofer Instituts IPA beschäftigt sich der Maschinenbau derzeit mit der digitalen Erweiterung „seiner jeweiligen Nischenprodukte, die übergreifende Vernetzung und Optimierung ganzer Produktionssysteme steht dabei nicht im Fokus" [15]. Das Potenzial der vierten industriellen Revolution liegt jedoch in der Selbstorganisation durch die übergreifende Vernetzung der Lieferkette.

3.2 Positionierung im evolutionären Maschinenbau

3.2.1 Vision der evolutionären Geschäftsmodelle

Die Digitalisierung ist eine wichtige Voraussetzung der unternehmensweiten oder unternehmensübergreifenden Vernetzung zur „Smart Factory". Eine Umfrage des Digitalverbands Bitkom vom März 2016 gibt an, dass von 507 befragten Unternehmen nur 34 % auf die Digitalisierung vorbereitet sind. Die Grafik in Abb. 3.1 zeigt die Ergebnisse der Umfrage.

Produktionsnahe Steuerungen sind heutzutage teilweise an übergeordnete ERP[1]-Systeme angekoppelt. Diese Steuerungen werden ergänzt mit MES-Systemen, um die Produktion optimal zu steuern und zu optimieren. Schnittstellen von der Maschine zur Unternehmens-IT bzw. Ergänzungsprodukte wie Anwendungen in der Cloud sind heutzutage eher selten anzutreffen, da einerseits die Anforderungen bisher noch nicht bestanden und andererseits bisher eine Zurückhaltung zur Weitergabe von Daten an Dritte existierte [15]. Abb. 3.2 beschreibt den klassischen Top-Down-Ansatz des Informationsflusses im Maschinenbau und die bisherig Ausprägung der vertikalen Vernetzung.

Die Digitalisierung für die „Smart Factory" verlangt nicht nur die vertikale Vernetzung der Geschäftsprozesse zur Effizienzsteigerung der Unternehmensabläufe, sondern auch die horizontale Vernetzung der gesamten Wertschöpfungskette zur Optimierung des Produktionssystems oder Product-Life-Cycle. Die übergeordnete Vernetzung des Product-Life-Cycle erfordert jedoch IT-Kompetenzen, die ein Maschinenbauunternehmen bisher nicht aufwies. Funktionalitäten über die Maschinensteuerung hinaus, wie Kapazitäts- und Einsatzplanung, Prozessdaten sammeln und auswerten, um die Produktivität zu steigern, wurden bisher nicht umgesetzt bzw. gehörten nicht zum Portfolio eines Maschinenbauunternehmens.

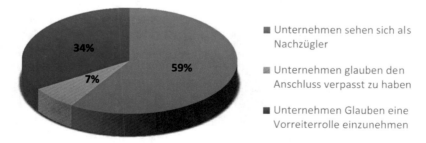

Abb 3.1 Umfrage zur Digitalisierung in mittelständischen Unternehmen. (Nach Quelle: Ausgabe 18. März 2016, [12])

---

[1] Enterprise-Resource-Planning-Infrastruktur zur bedarfsgerechten Planung und Steuerung für Ressourcen des Unternehmenszwecks.

Abb. 3.2 Automatisierungspyramide des Fertigungs-/Produktionsprozesses Stand heute. (Eigene Darstellung nach Quelle [12])

Die IT-Branche handelt im Gegensatz zum Maschinenbau hauptsächlich mit Software-angeboten und Plattformen digitalisierter Güter. Im Bereich der Produktion reichen die Angebote von Datenbanken-Tools bis hin zu MES-Lösungen für Fertigungsmanagement-systeme. Die interne IT, die im Maschinenbau bisher tätig ist, beschäftigt sich vorrangig mit der Wartung der unternehmenseigenen EDV-Systeme und ERP-Systeme. Die Implementierung neuer Softwarefunktionen und -systeme wird vorrangig von externen Dienstleistern umgesetzt, da bisher keine dynamischen Anpassungen an veränderte Systeme vonnöten waren. Während sich auf der einen Seite der Maschinenbau auf seine Kompetenzen bei der Entwicklung und Fertigung von Maschinen-Anwendungen und -Technologien konzentriert, beschäftigt sich die IT auf der anderen Seite derzeit damit, neue Softwarepakete für alle Unternehmensbereiche des Product-Life-Cycle zu konzipieren.

Auf Grund des technologischen Reifegrades, der in diesem Jahrhundert zur Verfügung stehenden Technologien am Markt wird der Fokus des evolutionären Maschinenbaus auf der digitalen Erweiterung von Produkten und Geschäftsprozessen liegen (vertikale und horizontale Vernetzung). Damit wird die Effizienz der Unternehmen weiter gesteigert und der Erfolg langfristig gesichert [15]. Die digitale Erweiterung in Unternehmen kann damit als kontinuierlicher Verbesserungsprozess, auch als KVP-Ansatz[2] bekannt, verstanden werden [8] (vgl. Institutionenökonomik Abschn. 2.3.2). Durch die digitale Erweiterung der Produkte, sowie die vertikale Vernetzung der Geschäftsprozesse werden Planungs-

---

[2] Der KVP-Ansatzes wurde durch Kaizen bekannt. Kaizen ist japanischen Ursprungs und bezeichnet eine etappenweise, nie aufhörende Vervollkommnung.

und Steuerungsfunktionalitäten bis in die Unternehmensebene optimiert. Durch die horizontale Erweiterung werden Bereiche der Wertschöpfungskette wie Planung, Konstruktion, Fertigung und Service weiter zusammenwachsen und so den Product-Life-Cycle weiter optimieren [15].

Nachfolgend sollen Geschäftsmodell-Visionen vorgestellt, bewertet und der aktuelle Stand der Technik untersucht werden.

3.2.2 Datenerfassung und -verarbeitung

Die Vernetzung von Objekten und Prozessen gilt als wesentlicher Schritt zur Bildung von Kommunikationsnetzwerken, welcher die Grundlage zur vierten industriellen Revolution bildet. Die Vernetzung wird erreicht durch die Verknüpfung in horizontaler und vertikaler Richtung über den gesamten Product-Life-Cycle. Durch die Ausstattung von Maschinen und Prozessen mit zusätzlicher Sensorik lassen sich Zusatzinformationen gewinnen, um im Fertigungsprozess eine Prozess- bzw. Qualitätsverbesserung zu erzielen. Hierzu können Maschinen mit weiterer Technologie ausgestattet werden, die für die digitale Erweiterung relevant sein können. Hierzu zählen z. B. zusätzliche Temperatursensoren, Flusssensoren, RFID-Tags, elektrische Geber oder andere Sensorik und Aktorik, die als Mehrwert als digitalisiertes Produkt am Markt angeboten werden können. Geschieht die Überwachung und Auswertung kontinuierlich und automatisiert, ergeben sich Regelkreise, die den Cyber-physischen Systemen entsprechen (vgl. Cyber-physischen Systemen Abschn. 3.2.3).

Durch die Erfassung von zusätzlichen Daten lassen sich virtuelle Unternehmensabläufe und Product-Life-Cycle darstellen, was eine Planung und Steuerung der Produktion, z. B. die Kapazitäts- und Ressourcenplanung, ermöglicht. Die daraus entstehende Prognosegenauigkeit erlaubt die bessere Vorhersage von Lieferterminen, was zu einer Steigerung der Kundenzufriedenheit führt. Weiterhin ist es dadurch möglich, die Prozesse kontinuierlich zu überwachen, um Fehler der Produktion früh zu eliminieren [11].

Unternehmen sehen in einer Umfrage aus dem Jahr 2015 zur vierten industriellen Revolution wesentliche Potenziale bei der digitalen Erweiterung [3]. In Abb. 3.3 gehen die Potenziale aus dem jährlichen Cloud Monitor hervor, welcher durch die Marktforschungsgesellschaft BITCOM im Auftrag der Wirtschaftsprüfungsgesellschaft KPMG erstellt wurde.

3.2.3 Cyber-physische Systeme

Wie in Abschn. 3.2.1 dargestellt, ist die vierte industrielle Revolution durch die datentechnische Vernetzung von der Sensor-/Aktorebene bis zur Unternehmensebene gekennzeichnet, welche die technologische Grundlage für die cyber-physischen Systeme bilden. Ein Cyber-physisches System besteht im Wesentlichen aus dem eigentlichen physischen Element und einem weiteren intelligenten Element, das Zusatzdaten zum physischen Element

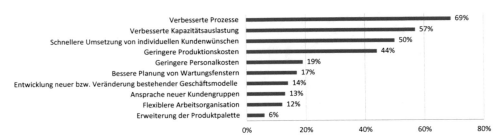

Abb. 3.3 Umfrage zum Potenzial bei der digitalen Erweiterung. (Nach Quelle [3])

erzeugt (Sensor-/Aktor). Durch Vernetzung und Integration besteht die Möglichkeit, durch Datenerfassung und -verarbeitung in einem virtuellen System auf das physische Element reagieren zu können.

Ein Cyber-physisches System bildet damit die Grundlage zur Selbstorganisation im Regelkreis, also für autonome Systeme. Durch die gewonnene Autonomie verändert sich die Interaktion zwischen Mensch und Maschine vom manuellen Eingriff hin zu sogenannten Human-Machine-Interfaces (HMI), da die komplexen Prozesse in einem Cyber-physischen System für Menschen nicht mehr ohne Weiteres nachvollziehbar sind. Weiterhin dienen mobile Endgeräte zur Bereitstellung von Informationen, welche über Maschinenprobleme oder -ausfälle informieren. Diese bereitgestellten Vorabinformationen verändern die Arbeitsabläufe für z. B. Instandhalter der Anlagen unmittelbar, da Information zur Ausfallursache oder Schadensart in einer neuen Form optimiert wird. Durch die Bildung eines virtuellen Systems, welches den Prozess des physischen Elements abbildet, lassen sich durch z. B. Augmented-Reality-Zusatzdaten, Realität und virtuelles System vereinen, um z. B. Bedienungsanleitungen bedarfsgerecht für komplexe Montageprozesse mit den einzelnen Montageschritten über Tablets oder andere mobile bildgebende Geräte bereitzustellen [15].

Beispiel: Cyber System Connector
Bei der Umrüstung, dem Produktwechsel oder Optimierungsmaßnahmen an Maschinen werden die Änderungen an Dokumentationen auf Grund der Komplexität von Maschinen nur teilweise aktualisiert. Ziel des Forschungsprojektes CSC ist es, den aktuellen Stand der technischen Dokumentation über den gesamten Produktentstehungsprozess zu gewährleisten. Dies wird erreicht durch ein virtuelles Abbild der Produktionsanlage, welche bei Änderung an der Maschinenkonfiguration eine automatisierte Aktualisierung der Dokumentation mitführt [5].

Beispiel: CyProS3.3
Ein Forschungsprojekt des Bundesministeriums für Bildung und Forschung (BMBF) beschäftigt sich mit dem Projekt der Assistenzsysteme per HMI, um Produktions- und Logistikdaten transparent für den Werker bereitzustellen. Produktionsdaten zu Produkten, Prozessen und Systemen werden dabei auf Tablet-PCs bereitgestellt [5].

3.2.4 Vernetzung und Integration durch Cloud Computing

Cloud Computing ermöglicht die Bereitstellung von Daten- und Software-Services über das Internet. Die Herausforderung bei der Nutzung der Daten liegt dabei im Datenhandling und dessen Auswertung der anfallenden Datenmengen (Big Data) [15]. Cloud Computing wird im Bereich des evolutionären Maschinenbaus eine wesentliche Rolle spielen, da es ermöglicht, die bisherige lokale Prozesssteuerung sowie Auswertung der Prozessabläufe dezentral in die Cloud zu verlegen, um so über den gesamten Product-Life-Cycle zu optimieren. Die Auslagerung von Prozessen für den Maschinenbau ist insoweit lukrativ und mit folgenden Vorteilen verbunden:

- Unternehmensweite und -übergreifende Datenverarbeitung der Betriebsdaten ohne zusätzliche betriebseigene IT-Infrastruktur,
- einfache Skalierbarkeit,
- Optimierung von Geschäfts- und Produktionsprozessen durch Einbindung von Lösungen von Drittanbietern,
- maschinennahe Software agiert stärker als eigenständiges Produkt und kann mit daten- und wissensbasierten Dienstleistungen ausgebaut werden.

Cloud Computing ermöglicht die unternehmensweite und -übergreifende Vernetzung des Produktionsprozesses und die Schaffung intelligenter erweiterter Leistungsangebote für den Kunden. Bei Cloud Computing können zwei Varianten unterschieden werden: Private Clouds und Public Clouds. Private Clouds werden von Firmen nur für unternehmensinterne Aufgaben verwendet, während Public Clouds für die öffentliche Nutzung bereitgestellt werden. Der Anteil von Public Clouds im Maschinen- und Anlagenbau lag 2015 bei weniger als 14 % [3]. Abb. 3.4 zur Prognose des Umsatzes mit Cloud Computing bis 2018 [10] bestätigt die Zunahme von Cloud-Computing-Angeboten in Deutschland. Nach dem VDI werden sich dabei Hybrid Clouds durchsetzen [12], also eine Mischung von Public Cloud und Private Clouds. Die Trennung erfolgt auf Grund von datenschutzrechtlichen Anforderungen sowie zum Schutz von personenbezogenen Mitarbeiterdaten und sensiblen Kundendaten.

Beispiel: ThyssenKrupp Elevator
Bei ThyssenKrupp Elevator generieren 1,1 Millionen Aufzüge jede Minute hunderte von Zustandsinformationen. ThyssenKrupp Elevator (Aufzugsunternehmen) hat zusammen mit Microsoft Azure (Cloud-Angebot) tausende Sensoren und Systeme in Aufzügen über die Cloud visualisiert, deren Daten auf PCs und mobilen Geräten dargestellt werden (vgl. Software/Platform/Infrastructure as a Service Abschn. 4.2.5). Die Innovation dabei ist, dass die Techniker einen Zugriff auf Daten erhalten und Abweichungen bereits vorab erkennen. Somit kann eine notwendige Reparatur bereits im Voraus durchgeführt werden und es lassen sich Pannen/Schäden vermeiden [3]. Dies ist ein Beispiel für die Predictive-Maintenance-Technologie, das vorbeugende Instandhalten mittels intelligenten Datenaustauschs und -analysen.

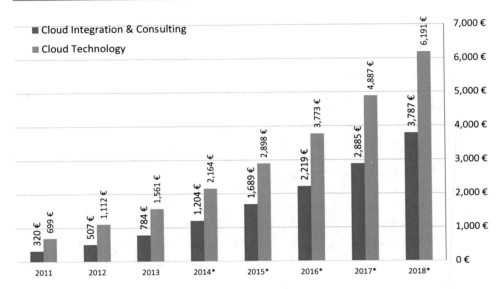

Abb. 3.4 Prognose zum Marktvolumen von Cloud Computing (B2B) in Deutschland nach Segment bis 2018 (in Millionen Euro, *laut Quelle beruhen die angegebenen Werte auf Prognosen). (Eigene Darstellung, Quelle BITKOM [3])

Beispiel: Brückner Maschinenbau GmbH & Co.KG
Die in den Produktionsanlagen generierten Produktions- und Prozessdaten werden in hoher Frequenz gespeichert, um schnell auf Abweichungen in der Fertigungsqualität zu reagieren. Die Auswertung dabei erfolgt durch eigene Analyseverfahren in der Cloud [3].

3.2.5 Umweltanalyse der evolutionären Geschäftsmodelle

Nachfolgend soll die Mikro-Umwelt für digitalisierte Produkte, Cloud Computing und Cyber-physische Systeme untersucht werden, um eine Marktattraktivitäts- und Wettbewerbsstärkenanalyse durchzuführen (vgl. Einflusskräfte der Umwelt Abschn. 2.3.2.1).

Die auf einer Studie der BITCOM und Pierre Audoin Consultants beruhende Abb. 3.5 zeigt, dass erst wenige Maschinenbauunternehmen[3] Produkte digitalisieren (Im Durchschnitt 9 %). Cyber-physische Systeme (Im Durchschnitt 15 %) werden größtenteils von mittleren bis großen Unternehmen genutzt. Digitalisierte Produkte sind in jeder Unternehmensgröße gängige Portfolioergänzungen, um die Effizienz des Unternehmens und der Produkte im Product-Life-Cycle weiter zu erhöhen. Aus marktorientierter Betrachtung kann davon ausgegangen werden, dass im Zuge der Digitalisierung vom Markt digitalisierte Produkte gefordert werden. Der Grund liegt darin, dass Unternehmen, welche digitalisierte Produkte

---

[3] Branche der Unternehmen: Electrical Engineering & High Tech, Automotive, Mechanical & Plant Engineering, Quelle [9].

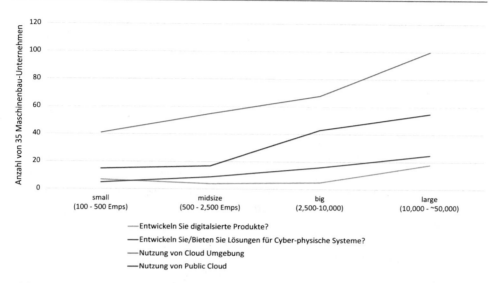

Abb. 3.5 Studie von 95 Maschinenbauunternehmen zum Thema Digitalisierung. (Nach Quelle [9] und [3])

kaufen, selbst daran interessiert sind, ihre eigenen Anlagen strategisch in Richtung Institutionenökonomik zu positionieren, um die Effizienz des Unternehmens und der Maschinen weiter zu steigern („Market-Pull"[4]-Bedingungen). Daten in Cloud-Anwendungen, welche die Produkte und Produktionsanlagen während ihres Produktlebenszyklus generieren, können als zusätzlicher Kundennutzen betrachtet werden, da mit den gewonnenen Daten der gesamte Product-Life-Cycle weiter optimiert und effizient gestaltet werden kann. Daher bieten diese Anwendungen einen Mehrwert auf der Seite der Anbieter und des Endkunden. Der Anbieter profitiert hierzu bei Rückführung der gewonnenen Daten als Regelkreis, z. B. durch vorbeugende Wartungskonzepten und durch reduzierte Wartungskosten. Der Endkunde profitiert hierbei von einer optimierten Wertschöpfung durch das Cyber-physische Systeme. Es ist davon auszugehen, dass digitalisierte Produkte sich schnell und durchgängig am Markt etablieren können, da der Mehrwert durch Vernetzung in der Cloud und die Nutzung von Cyber-physischen Systemen wesentliche Vorteile erbringt (vgl. Abb. 3.3). Denn nur bei der Schaffung eines Mehrwerts für den Anwender wird dieser bereit sein, die Technologie zu implementieren. Die Verfügbarkeit der digitalisierten Produkte kann schnell realisiert werden, da notwendige Technologien zur Umsetzung am Markt zur Verfügung stehen. Bei ressourcenorientierter Betrachtung können aus digitalisierten Produkten Zusatzinformationen gewonnen werden, die wiederum als Maßnahme angesehen werden, die eigene Wertschöpfungskette effizient zu gestalten. Letztendlich lassen sich mit Optimierungen in markt- und ressourcenorientierter Ausrichtung wertorientierte Effekte erzielen.

---

[4]Von Kunden und vom Markt formulierte Anforderungen an Produkteigenschaften und Technologie, die für die Festlegung von Innovationsaktivitäten verwendet werden.

3.2.5.1 Wettbewerbskräfte

Durch die am Markt fehlenden Industriestandards zu Schnittstellen von der Maschine zu Cloud-Anwendungen und ohne entsprechendes Know-how hinsichtlich der zu digitalisierenden Produkte wird es durch den Wettbewerb schwer sein, ein Cyber-physisches System für andere Hersteller aufzubauen. Für den Maschinenbau ergeben sich durch den fehlenden Wettbewerb in der Branche keine bzw. kaum Bedrohungen durch Konkurrenten und Ersatzprodukte. Erst durch einen Industriestandard für die Kommunikation zwischen Maschinen- und Cloud-Anwendungen würde sich der Wettbewerb bzgl. der dann modularisierten Produkte wesentlich verstärken.

Die nachfolgenden Faktoren der Makro-Umwelt (vgl. PESTLE Analyse Abschn. 2.3.2.1) stellen externe, für den Maschinenbau nicht beeinflussbare Größen dar, welche die Ausgestaltung von Konzepten innovativer Geschäftsmodelle der vierten industriellen Revolution bestimmen.

3.2.5.2 Politische Unterstützung

Förderprogramme des Bundesministeriums für Bildung und Forschung bestätigen die politische Unterstützung für evolutionäre Entwicklungen im Bereich der vierten industriellen Revolution. Die Förderung innovativer Projekte zur Digitalisierung wird seitens der Politik unterstützt (vgl. Beispiel Abschn. 3.2.4). Das spiegelt sich auch in der Auswahl des Begriffs „Industrie 4.0" wieder, welcher auf Basis der durch die deutsche Bundesregierung gestarteten Strategie zur Digitalisierung gewählt wurde [15]. Weiterhin wurde 2016 in einem Aktionsplan der EU-Kommission festgelegt, in den darauf folgenden fünf Jahren 50 Mrd. Euro aus öffentlichen und privaten Ressourcen zu mobilisieren, um die Digitalisierung voranzutreiben (Quelle: Ausgabe von 29. April 2016 VDI Nachrichten [12].

3.2.5.3 Technologische Basis und Reifegrad

Digitalisierte Produkte sind mit marktüblicher Technik durch relativ günstige Sensorik und Aktorik ausstattbar. Digitale Produkte allein bergen in erster Linie keine Sicherheitsprobleme: Auch die Vernetzung innerhalb von Unternehmen im Intranet ist gängige Praxis. Erst durch die Konstellation der Verbindung von Private- und Public-Cloud-Modellen steigt die Sicherheitsrelevanz. Hybrid-Cloud-Modelle in Verbindung mit vertikalen und horizontalen Vernetzungen bringen unterschiedliche Systeme mit unterschiedlichen Sicherheitsniveaus zusammen: zum einen die internen ERP-Systeme mit z. B. personenbezogenen Mitarbeiterdaten und sensiblen Kundendaten sowie zum anderen externe Cloud-Daten von Maschinen und Produkten. Nach Angaben des VDI sind Verbindungen in die Cloud als auch die dort gelagerten Daten derzeit oft noch unverschlüsselt, jedoch versuchen Cloud-Provider die Datenverbindungen über Verbindungen aktuell weiter zu verschlüsseln und die Datentransfers damit zu schützen [12]. Die Absicherung von Cyber-physischen Systemen in Verbindung mit Cloud-Lösungen und digitalisierten Produkten im Produktionsumfeld ist heutzutage noch nicht ausgereift und basiert auf keinem Industriestandard. Offener Datentransfer via Intranet und Internet steigert das Risiko von Manipulationsversuchen.

Durch die Vielzahl von Schnittstellen und die fehlenden Industriestandards zur Kommunikation in Netzwerken ergibt sich eine Fehleranfälligkeit der vernetzen Systeme, welche durch den Maschinenbau nur in Zusammenarbeit mit IT-Dienstleistern bewältigt werden kann. Die bisherigen Schnittstellen sind derzeit nur auf Basis eines internen Firmenstandard realisiert; sie sind nicht auf andere Systeme übertragbar. Die fehlenden Industriestandards sind der Grund, warum man derzeit nur Insellösungen für Cyber-physische Systeme antrifft.

3.2.5.4 Rechtssicherheit

Zur Rechtssicherheit finden seit 2015 größere Diskussionen hinsichtlich der Daten und des Datenschutzes statt. Es ist in vielen Fällen nicht eindeutig geklärt, wem Daten in Cloud-Umgebungen gehören und wer diese zu welchem Zweck verwenden darf [15].

83 % der Unternehmen stellen Sicherheitsanforderungen an den Cloud-Anbieter, etwa dass dieser sein Rechenzentrum ausschließlich mit Sitz in Deutschland betreibt [3]. Diese Bedenken zu Sicherheitsanforderungen gehen unter anderem aus dem Safe-Harbor-Abkommen[5] hervor, das vom Europäischen Gerichtshof (EuGH) am 6. Oktober 2015 auf Grund von Sicherheitsbedenken bzgl. Drittländern für ungültig erklärt worden ist. Auswege gibt es für Cloud-Anbieter derzeit nur in der Weise, dass sie Serverinfrastrukturen innerhalb der EU mit rechtlicher und technischer Ausgliederung anzubieten. Die Microsoft Azure Cloud ging aus diesem Grund im Sommer 2016 auf deutschen Servern der T-Systems International als Treuhänder online und bedient sich keiner im Ausland befindlichen Serverstandorte [1].

Aus den Ergebnissen der Umweltanalyse soll anhand einer Marktattraktivitäts-Wettbewerbsstärken-Matrix für die Beispielfirma X, einen typisches Sonder-Maschinenbauunternehmen für Industrieroboteranlagen, die Attraktivität der Cyber-physischen Systeme ermittelt werden. Cyber-physische Systeme verstehen sich hier als Hauptelement, weil sie digitalisierte Produkte und ggf. Cloud-Anwendungen beinhalten. Die Marktattraktivitäts-Wettbewerbsstärken-Matrix empfiehlt drei Grundstrategien als Investitions- und Wachstumsstrategien. Die drei Felder in Abb. 3.6 oben rechts empfehlen die Investition und das Wachstum der Marktattraktivität um den relativen Wettbewerbsvorteil auszunutzen. Die drei diagonalen Felder der selektiven Strategien empfehlen die Investition nur bei ausreichender Marktattraktivität. Die drei Felder unten links charakterisieren Produkte, die für das Unternehmen eher unattraktiv werden oder sind. Hier soll kein Kapital mehr investiert werden.

Wie in der Abb. 3.6 zu erkennen ist, gewinnt das Produkt an Investitionsinteresse, weil der Wettbewerb weitgehend fehlt und es eine geringe Gefahr durch Substitutionsprodukte gibt. Die Empfehlung zur Investitions- und den Wachstumsstrategie ist durch die Marktattraktivität und Wettbewerbsposition gegeben. Tab. A.1 stellt die Bewertungsergebnisse zur Marktattraktivitäts-Wettbewerbsstärken-Matrix dar.

---

[5] Das Safe-Harbor-Abkommen ist der Name einer Entscheidung der Europäischen Kommission auf dem Gebiet des Datenschutzrechts aus dem Jahr 2000. Danach sollte es Unternehmen ermöglicht werden, personenbezogene Daten in Übereinstimmung mit der europäischen Datenschutzrichtlinie aus einem Land der Europäischen Union in die USA zu übermitteln.

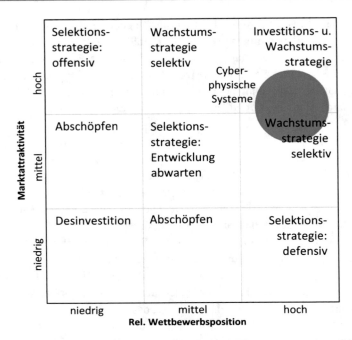

Abb. 3.6 Marktattraktivitäts-Wettbewerbsstärken-Matrix für Cyber-physische Systeme. (Eigene Darstellung)

3.3   Wertschöpfung der digitalen Erweiterung

3.3.1   Analyse zur Umsetzung der digitalen Erweiterung

Um das Geschäftsfeld im evolutionären Maschinenbau in Richtung Cyber-physischer Systeme auszurichten, benötigt es eine Analyse der bestehenden Kompetenzen, um eine Entscheidungsgrundlage für Outsourcing und Insourcing zu erstellen. Dazu dient die Kompetenz-Portfolioanalyse, welche Kompetenzen in vier Quadranten positioniert und so einen grafische Entscheidungsgrundlage liefert [7]. Kompetenzstandards mit niedrigem Kundenwert und relativ geringer interner Kompetenzstärke werden von Wettbewerbern gleich gut oder besser beherrscht. Damit können keine Wettbewerbsvorteile aufgebaut werden. Kompetenz-Gaps haben für den Kunden eine hohe Bedeutung und zugleich repräsentiert es, was der Markt an Kompetenzen fordert. Kompetenzpotenziale können sowohl Kompetenzen aus Overengineering darstellen, also Kompetenzen, die entwickelt wurden, aber die der Kunde nicht benötigt, oder auch Kompetenzen, die sich in einen reifen Stadium befinden, da Märkte sich dahingehend gewandelt haben. Fähigkeiten die das Unternehmen relativ zum Wettbewerb besitzt, werden in Kernkompetenzen dargestellt. Abb. 3.7 veranschaulicht das Kompetenz-Portfolio der Firma X (Daten aus Umfrage Tab. A.2). Die Größe der dargestellten Kompetenzen steht für die Wichtigkeit für das Unternehmen.

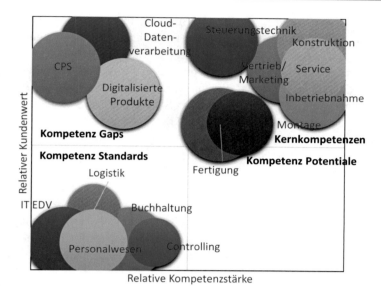

Abb. 3.7   Kompetenz-Portfolio der Firma X. (Eigene Darstellung)

Eine Handlungsempfehlung für das strategische Outsourcing lässt sich für die Bereiche Kompetenzstandards, Kompetenz-Gaps und Kompetenzpotenziale ableiten. Je höher die Transaktionskosten für das Outsourcing für Kompetenz-Gaps sind, je mehr sollte jedoch in Eigenfertigung erfolgen und auf ein Outsourcing verzichtet werden und umgekehrt [7]. Das Kompetenz-Portfolio der Firma X ergibt Kompetenz-Gaps im Bereich digitalisierte Produkte, Cloud-Datenverarbeitung und Cyber-physische Systeme (CPS). Für einen Maschinenbauunternehmen wird es einfach sein, eigene Produkte selbstständig und ohne Outsourcing weiterzuentwickeln, um digitalisierte Produkte auf den Markt zu bringen, da kein anderer die Potenziale der eigenen Produkte besser kennt als der Hersteller selbst. Daraus lässt sich ableiten, dass digitalisierte Produkte in eine Handlungsempfehlung aufzunehmen sind, um Entwicklungsentscheidungen abzuleiten.

Sind interne Ressourcen zur Umsetzung für Cloud-Datenverarbeitung oder CPS nicht verfügbar, können Firmen dies über Partnerschaften durch Tochtergesellschaften, Joint-Ventures, Kooperationen, Rahmenverträge und vertragliche Regelungen gestalten, um Kompetenz-Gaps zu schließen. Die komplette Übernahme des Geschäftsfelds durch IT-Firmen setzt eine weitere Modularisierung der Maschine voraus. Auf Grund des zunehmenden Vernetzungsbedarfes und der geringen Wertschöpfungstiefe für den Maschinenbau gehen Experten davon aus, dass ein erhöhter Bedarf an Partnerschaften entstehen wird, weil die externe Entwicklung von Softwarelösungen im Vergleich zur Eigenherstellung kostengünstiger ist. Da immer mehr Funktionen einer Maschine weitestgehend durch Software abgebildet werden, muss sich der Maschinenbau in Zukunft in diese Richtung weiterentwickeln und Schnittstellen zur IT schaffen [15].

Zur Steuerung und Ausgestaltung einer Strategie für zukünftige Produkt-Markt-Aktivitäten soll an Hand eines Technologie-Portfolios die strategische Planungsentscheidung für die Firma X geliefert werden. Mit der Technologie-Portfolioanalyse wird die Bewertung von Innovationsprojekten vorgenommen und diese gibt Aufschluss über die zukünftige Entwicklung der Geschäftsaktivitäten [14]. Die Zielsetzung des Portfoliomanagements liegt in der langfristigen Sicherung der Stabilität und des Erfolgs des Unternehmens durch die Herstellung der Balance bei den Produkt-Markt-Aktivitäten [14]. Abb. 3.8 zeigt eine durchgeführte Technologie-Portfolio-Analyse für die Firma X. Als Objekte werden die vorab genannten Technologien untersucht (Daten aus Umfrage Tab. A.3). Die unternehmensexterne Dimension bildet die Technologieattraktivität, welche sich aus Weiterentwicklungspotenzial und Anwendungsbreite zusammensetzt. Die unternehmensinterne Dimension ist die der relativen Ressourcenstärke, welche sich aus den Faktoren, Finanzstärke und Know-how-Stärke zusammensetzt. Bei einer hohen Technologieattraktivität und hoher Ressourcenstärke ist eine Technologie zu fördern (Investitionsfeld T1). Umgekehrt ist bei einer niedrigen Technologieattraktivität und niedrigen Ressourcenstärke von Investitionen abzuraten (Desinvestitionsfeld T2). Bei hoher Technologieattraktivität, aber niedriger Ressourcenstärke ergeben sich zwei Handlungsalternativen: der mit

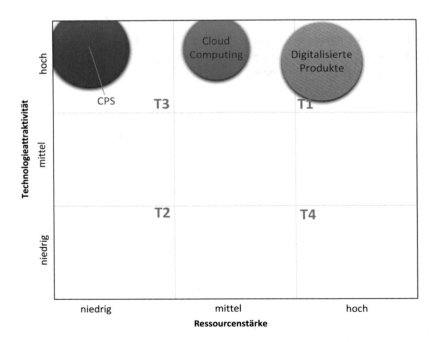

Abb. 3.8 Technologie-Portfolio der Firma X für evolutionäre Geschäftsmodelle. (Eigene Darstellung)

wesentlichen Investitionen verbundene Einstieg oder der Ausstieg (Technologieattraktives Feld T3). Eine hohe Ressourcenstärke, aber niedrige Technologieattraktivität birgt die Gefahr von Fehlinvestitionen (T4).

Die Größe der dargestellten Technologiekreise steht für die jeweilige Wichtigkeit für das Unternehmen. Wie Abb. 3.8 zeigt, bergen digitalisierte Produkte und Cloud Computing wesentliche Potenziale für die Firma X. Anhand des ermittelten Portfolios lässt sich die Strategie für die weitere Technologieentwicklung ableiten. Aus dem Technologieattraktiven Feld T3 ergibt sich, dass Marktattraktivität besteht, jedoch keine Ressourcen zur Umsetzung vorhanden sind. Eine Handlungsempfehlung, ob die damit verbundene Investition getätigt werden soll oder ein Ausstieg erfolgt, ist durch die Geschäftsführung zu treffen. Der Maschinenbau steht in diesem Handlungsfeld im Gegensatz zu IT-Unternehmen vor einer Herausforderung. Der Maschinenbau muss erst Kompetenzen aufbauen, um Maschinendaten über Schnittstellen in der Cloud bereitzustellen, und läuft so Gefahr, den Markt an Branchenfremde zu verlieren. IT-Unternehmen sind hier wesentlich weiter entwickelt, da diese das entsprechende Know-how zur übergreifenden Vernetzung und Selbstorganisation bereits besitzen und diese Art der Lieferketten betreiben. Der klassische Maschinen- und Anlagebauer hingegen betritt hier Neuland – ein Potenzial für zukünftige Differenzierungsmöglichkeiten. Neue Geschäftsfelder für den Maschinenbau, IT und Drittanbieter werden somit im Bereich der daten- und wissensbasierten Dienstleistungen entstehen. Es ist dann davon auszugehen, dass bisherige, erzielte Erträge des Maschinenbaus in Zukunft auf veränderte Art erwirtschaftet werden [15]. Die weitere Bewertung des Geschäftsmodell-Prototypen aus Investitionsfeld T1 soll nachfolgend aufgegriffen werden, da Technologieattraktivität und Ressourcenstärke vorhanden sind und somit eine Investitionsempfehlung besteht. Investitionsfeld T3 soll ebenfalls weiter bewertet werden, da hier Technologieattraktivität besteht und Ressourcenstärke evtl. extern vergeben werden kann.

3.3.2   Machbarkeit und Risikograd

Auf Basis einer Herstellbarkeits- und Risikoanalyse lassen sich für einzelne Produkte im Entwicklungsstadium Abschätzungen zur Machbarkeit der digitalen Erweiterung treffen. Hierbei ist anhand von Marktanalysen abzuwägen, welche Zusatzinformationen, unter Berücksichtigung einer Kosten-Nutzen-Analyse digitalisiert werden können und als Mehrwert für den Markt als sinnvoll erscheinen.

Für die technologische Entwicklung digitalisierter Produkte ist ein geringer Risikograd zu erwarten, da die Weiterentwicklung der eigenen Produkte für den Maschinenbau eher keine Herausforderung darstellt. Die Entwicklungsaufgaben werden mit Schwierigkeiten verbunden sein, jedoch unter ingenieurmäßigen Gesichtspunkten zu lösen sein. Der Risikograd kann demnach für die Implementierung digitalisierter Produkte auf Level-1 eingestuft werden (vgl. Risikograd Abschn. 2.3.3.1).

Der Risikograd zur Implementierung von Cloud-Umgebungen und CPS kann aus Sicht des Maschinenbaus mit Level-2 bewertet werden, da die auszuwertenden Daten für die Cloud seitens der Maschinen leicht erzeugt werden können. Lediglich die Schnittstellen zur und von der Cloud müssen speziell entwickelt werden, was nach einem Industriestandard mit entsprechenden Hardware- und Softwarelösungen umsetzbar ist. Diese zusätzlichen Funktionen können durch externe IT-Unternehmen oder andere Partnerschaften entwickelt werden, um letztendlich die Funktionalität des Cyber-physischen Systems zu implementieren.

3.3.3 Ressourcen- und Kostenbedarf

Im evolutionären Geschäftsmodell-Prototyp der digitalen Erweiterung ist davon auszugehen, dass die bisherige Wertekette des Maschinenbaus erhalten werden kann (vgl. Abb. 2.2). In Abb. 3.9 ist die typische Struktur des Maschinenbaus mit unterstützenden sowie primären Aktivitäten dargestellt.

Für die Umsetzung digitalisierter Produkte können bisherige Maschinenkonzepte verwendet werden. Im „Technology-Push"[6] werden dann die Produkte mit zusätzlicher Sensorik und Aktorik ausgestattet. Als Ressource zur Umsetzung können hierzu die eigene R&D- oder Konstruktionsabteilung genutzt werden. Die Finanzierung der Innovationsprojekte erfolgt gewöhnlich über die Innenfinanzierung aus Selbstfinanzierung bzw. Eigenfinanzierung aus Gewinnen, Finanzierung aus Abschreibungen oder Finanzierung aus Vermögensumschichtung.

Für alle Unternehmen empfiehlt es sich, interne Ressourcen aufzubauen, um Schnittstellen für Cloud-Umgebungen bereitzustellen und so nicht den Anschluss am Markt mit den eigenen Produkten zu verlieren. Damit lässt sich die Wettbewerbsfähigkeit sichern sowie Wachstum generieren. Denn aus Sicht von Experten werden in Zukunft starre Softwaresysteme, welche das Maschinenbauunternehmen bisher lieferte, von flexiblen Softwaresystemen abgelöst werden [14]. Die Entwicklung bei der Strategie der Digitalisierung erfolgt vorrangig mit eigenen Mitarbeitern sowie mit externen Beratern, wie nachfolgende Studie in Abb. 3.10 zeigt. Sind interne Kompetenzen zur Umsetzung von Cloud-Anwendungen und CPS nicht vorhanden, können über Outsourcing und Insourcing entsprechende Kompetenzen aufgebaut werden und das Produktportfolio erweitert werden.

Zur Reduzierung der Wartungskosten und intelligenten Ressourcenverteilung der Wartungskräfte auf jährlich ca. 220 Stück verkaufte Werkstückpositionierer[7] soll ein Beispiel

---

[6]Technology-Push ist eine technologische Entwicklung, die unabhängig von am Markt identifizierten Kundenbedürfnissen auf Basis des unternehmensinternen Technologie- und Leistungspotenzials realisiert und am Markt eingeführt wird.

[7]Ein Werkstückpositionierer ermöglicht die Positionierung eines zu bearbeiteten Werkstückes zum Industrieroboter über bewegbare Achsen.

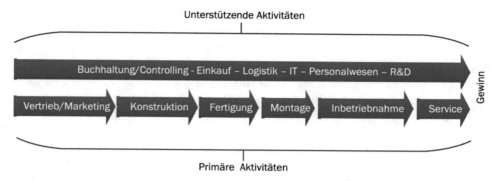

Abb. 3.9 Struktur des klassisch mittelständigen Maschinenbaus. (Eigene Darstellung)

Abb. 3.10 Darstellung zur bisherigen Umsetzung der Strategie bei der Digitalisierung in Unternehmen. (Nach Quelle [3])

für die Firma X nach dem Konzept des Predictive Maintenance erarbeitet werden (vgl. Vernetzung durch Cloud Computing Abschn. 3.2.4). Das Produkt „2-Stationen-Positionierer" soll hierzu digital „veredelt" und zur Senkung weiterer Wartungskosten in der Cloud vernetzt werden. Dem Konzept des Predictive Maintenance soll zum Vergleich ein herkömmlicher 5-Jahres-Wartungsvertrag gegenübergestellt werden.

Ein 2-Stationen-Positionierer ist gekennzeichnet durch eine Getriebe-Hauptachse und zwei Nebenachsen, welche durch Servomotoren angetrieben werden. Durch den kontinuierlichen 3-Schicht-Betrieb werden in der Regel zur Produktionssicherung und Reduzierung der Ausfallzeiten für den Endkunden Wartungsverträge mit dem Hersteller abgeschlossen. Der Wartungsvertrag sieht vor, jährlich eine Inspektion an den Getriebeachsen durchzuführen. In Tab. A.4 werden die Fixkosten für die einmalige Entwicklung einer Datenerfassung von Temperatur- und Stromsensoren kalkuliert. Hierzu zählen die Engineering-Kosten zur Konstruktion der Mechanik und Elektrik, sowie die Programmierung einer Schnittstelle zur Cloud per GSM[8] Modul und der Microsoft Azure Applikation (vgl. Software/Platform/Infrastructure as a Service Abschn. 4.2.5) für die Datenauswertung. Die variablen Kosten setzen sich aus den Montagekosten, der zusätzlichen GSM-Elektronik pro Positionierer und den Kosten für die Cloud-Plattform pro Jahr

---

[8] Global System for Mobile Communications (GSM) ist ein Standard für volldigitale Mobilfunknetze.

zusammen. Es wird davon ausgegangen, dass in den fünf Jahren des laufenden Wartungs-vertrages je fünf Wartungen mit zwei Tagen Aufwand anfallen. Beim Predictive-Maintenance-Konzept hingegen ist nur mit drei Tagen für Serviceaufträge zu rechnen, denn der Einsatz wird nur fällig, wenn die installierte Sensorik im Produkt Unregelmäßig-keiten an die Zentrale des Herstellers meldet und ein Servicetechniker daraufhin vorsorg-lich eine Wartung durchführt. Im Predictive-Maintenance-Konzept findet nur je nach Nutzerverhalten eine Wartung tatsächlich statt, wenn diese auch gebraucht wird. Unter der Annahme der linearen Abschreibung der Investitionskosten und bei zusätzlichen variablen Kosten ergibt sich für das Predictive-Maintenance-Modell gegenüber dem Wartungsver-trag eine Kostenersparnis von 40 % bei gleichzeitiger Laufzeitverlängerung des Wartungs-vertrages um das Dreifache. Tab. 3.1 stellt einen traditionellen Wartungsvertrag dem Predictive-Maintenance-Konzept gegenüber.

Unter der Annahme, dass es möglich sein wird, bei lediglich 30 % der insgesamt verkauften Positionierer (pro Jahr 220 ca. Stück) auch Predictive-Maintenance-Wartungsverträge zu verkaufen, wird die Amortisation der Investition, unter Berücksich-tigung von Abschreibung, Kapitalkosten und variablen Kosten, lediglich ca. fünf Monate dauern. Tab. 3.2 zeigt die Berechnung.

Tab. 3.1 Kalkulation des Kostenbedarfs des Predictive Maintenance evolutionärer Geschäftsmodelle

Pro Stück Positionierer	Azure Lösung	Wartungsvertrag
Anschaffungskosten	26.687 €	0 €
Nutzungsdauer [Jahre]	15	5
Lineare Abschreibung	1779 €	0 €
Kapitalkosten 6 % p.a.	801 €	0 €
Betriebskosten/Stück	623 €	0 €
Einsatz-Wartung [Tage]	6	10
Kosten Einsatz-Wartung [65 € EK]	3120 €	5200 €
Pro Stück Positionierer	3135 €	5210 €
Ersparnis		40 %

Tab. 3.2 Kalkulation der Amortisationsdauer des Predictive Maintenance evolutionärer Geschäftsmodelle

Durchschnittlicher Gewinn	Azure Lösung
Erlöse [30 % Gesamt Stückzahl, 50 % Gewinn]	102.960 €
Lineare Abschreibung	−1779 €
Kapitalkosten 6 % p.a.	−801 €
Betriebskosten	−41.085 €
Durchschnittlicher Gewinn	59.295 €
Abschreibung	1779 €
Durchschnittlicher Mittelrückfluss	61.074 €
Kapitaleinsatz	26.687 €
Amortisationszeit [Monate]	5,24

3.3.4 Time-to-Market

Je mehr Anbieter Marktchancen in einem neu geschaffenen Markt sehen und es Substitutionspotenzial gibt, desto stärker wird der Wettbewerb um Marktanteile. Um Marktanteile zu gewinnen, benötigt es kurze Time-to-Market-Phasen, um nicht den Anschluss an den Markt zu verlieren. Wobei sich der Maschinenbau durch seine technologisch hoch entwickelten Produkte in einer sehr engen Nische bewegt und Substitutionspotenziale dadurch weitestgehend ausgeschlossen sind. Wie in Abschn. 3.2.5.3 ermittelt, gibt es keinen bestehenden Industriestandard für den Aufbau von Kommunikationen in die Cloud, was den Wettbewerb hier zusätzlich erschwert.

Nach Angaben des VDI werden erste standardisierte und etablierte Modelle zu Kommunikationsschnittstellen in den nächsten Jahren zu erwarten sein. Einerseits wird der Markteintritt durch Wettbewerber seitens Maschinenbau und IT dann zwar erleichtert, jedoch wird nach dem VDI die zur Kommunikation notwendige Semantik erst nach Festlegung standardisierter Kommunikationsschnittstellen definiert sein [12] (vgl. Modules as a Service Abschn. 4.2.3) – wofür es noch einige Jahr benötigen wird. Bis dahin wird der Maschinenbau mit seinen technologisch hoch entwickelten Produkten in einer sehr engen Nische bestehen können. Damit ist eine Investitionsempfehlung für den in diesem Kapitel getroffenen Geschäftsmodell-Prototyp auf Grund der kurzen Amortisationsdauer von ca. fünf Monaten auszusprechen.

Die Entwicklungszeit für das Predictive-Maintenance-Konzept liegt bei ca. 6–8 Wochen (vgl. Kalkulation der Entwicklung Tab. A.4). Der entsprechende Time-to-Market-Zeitraum wird bei ca. 2–3 Monaten liegen.

Der Schutz durch ein Patent für das Predictive-Maintenance-Konzept wird nicht möglich sein, denn nach Patentgesetz § 4 (PatG) liegt die Erfindungshöhe nur vor, wenn die Leistung sich „nicht in naheliegender Weise aus dem Stand der Technik ergibt oder es sich nicht um eine einfache Weiterentwicklung des Bestehenden handelt" [8]. Da Predictive-Maintenance-Konzepte nach dem heutigen Stand der vierten industriellen Revolution verstanden werden, wird es nicht möglich sein, ein Patent hierfür zu sichern. Unter dem US-Patent „US 20140336791 A1 – Predictive maintenance for industrial products using big data" vom 22.11.2013 wird das Predictive-Maintenance-Konzept bereits in den USA geführt. Auf dieser Grundlage wurden mögliche Lizenzgebühren für das Patent zum Predictive-Maintenance-Modell in der Kalkulation berücksichtigt.

3.4 Veränderung im evolutionären Maschinenbau

In der Phase der Veränderung wird das entwickelte Geschäftsmodell implementiert. Die Implementierung der evolutionären Geschäftsmodell-Prototypen erfolgt durch interdisziplinäre Teams oder durch Führung durch einen Entwicklungsleiter beim letzten Schritt des Stage-Gate-Prozesses (vgl. Abb. 2.3). Workshops dienen dazu, Potenziale für die Implementierung zu evaluieren und den Weg zur Umsetzung zu finden.

Da die Umsetzung für evolutionäre Geschäftsmodell-Prototypen in evolutionärer Form erfolgt, also in einem kontinuierlichen Prozess, ist davon auszugehen, dass zur Implementierung in bestehende Strukturen keine gesonderten Change-Management-Konzepte zu entwickeln sind. Die Gründe hierfür sind, dass die Mitarbeiterakzeptanz innerhalb des Unternehmens vorhanden sein wird, da keine weiteren internen Strukturen umgestellt werden müssen und die bisherige Wertschöpfungskette erhalten bleibt (vgl. Abb. 3.9). Als weiterer Grund ist anzunehmen, dass Mitarbeiter die evolutionäre Entwicklung als Stand der Technik wahrnehmen und somit eine Akzeptanz bei Veränderungen vorhanden sein wird.

Wie in Abb. 3.8 dargestellt, fehlt die Ressourcenstärke bei der Firma X zur Entwicklung der Technologien für Cyber-physische Systeme und Cloud Computing. Es besteht damit Lern-und Fortbildungsbedarf hinsichtlich der strategiebezogenen Qualifikationen, weshalb innerhalb der Personalentwicklung und -schulung Kenntnisse auf dem Gebiet der IT weiter aufgebaut werden müssen. Zur Ableitung mittelfristiger Ziele und Maßnahmen in einer Balanced Scorecard (BCS)[9] sollen auf Basis einer Strategy Map zur Umsetzung des Predictive-Maintenance-Konzepts die Beziehungen als Ausgangspunkt dargestellt werden. Abb. 3.11 zeigt die Strategy Map als Umsetzungsgrundlage für die Balanced Scorecard.

In gegenwärtigen wirtschaftlichen Debatten wird diskutiert, ob sich die Arbeit im Zuge der Digitalisierung wesentlich ändern wird. Die Meinungen hierzu sind unterschiedlich, wobei es skeptische Einschätzungen wegen möglicher Arbeitsplatzverluste oder Dequalifizierungen und positive Einschätzungen aufgrund der Aufwertung von Tätigkeiten und Qualifikationen gibt [12]. Was man bei der dritten industriellen Revolution beobachten konnte, war die Umschichtung der Arbeitsplätze von der Produktionsgesellschaft in die Servicegesellschaft. Nach dem Institut für Arbeitsmarkt- und Berufsforschung (IAB) ist diese Entwicklung auch bei der vierten industriellen Revolution zur erwarten [2].

3.5 Anpassung

Das implementierte Geschäftsmodell des Cyber-physischen Systems wird anschließend beobachtet und ausgewertet (vgl. Performance-Messung Abschn. 2.3.5), um es auf Basis gewonnener Erfahrungen, technologischer Entwicklungen und Marktveränderungen weiter evolutionär anzupassen. Für evolutionäre Geschäftsmodelle der vierten industriellen Revolution ist davon auszugehen, dass je nach voranschreitender technologischer Entwicklung weitere evolutionäre Neuerungen entwickelt werden können. Die zunehmende Einbringung der IT in den Sektor des Maschinenbaus wird dabei eine wesentliche Rolle spielen. Hierzu zählt zum Beispiel die Anbindung des Cyber-physischen Systems an ein

---

[9]Balanced Scorecard ist ein Konzept zur Messung, Dokumentation und Steuerung der Aktivitäten eines Unternehmens oder einer Organisation im Hinblick auf seine Vision und Strategie, Quelle: [13].

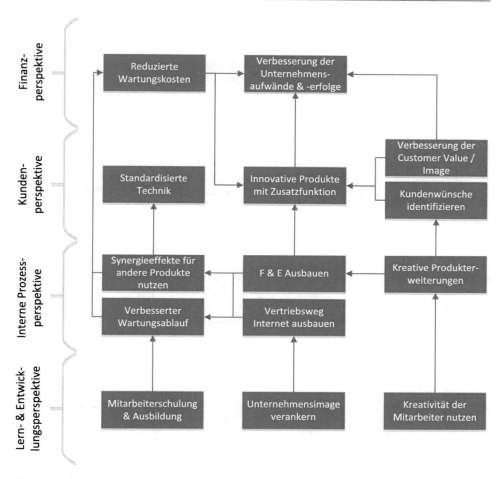

Abb. 3.11 Strategy Map als Ausgangspunkt der BSC. (Eigene Darstellung nach Quelle [13])

ERP-System, das den Buchungsvorgang für Aufträge und Mitarbeiterressourcen weiter unterstützt.

Literatur

1. BEUTH, Patrick ; ZEITVERLAG GERD BUCERIUS GMBH & CO. KG (Hrsg.): Microsoft nutzt künftig Telekom-Rechenzentren. http://www.zeit.de/digital/datenschutz/2015-11/cloud-microsoft-rechenzentren-deutschland. Version: 2015
2. BOTTHOF, Alfons (Hrsg.) ; HARTMANN, Ernst A. (Hrsg.): Zukunft der Arbeit in Industrie 4.0: [Autonomik Industrie 4.0]. Berlin: Springer Vieweg, 2015 (Open). – ISBN 978–3–662–45914–0
3. BITKOM: Big Data und Geschäftsmodell-Innovationen in der Praxis: 40+ Beispiele: Leitfaden. Berlin: Bundesverband Informationswirtschaft, Telekommunikation und neue Medien e.V., 2015

4. BUNDESMINISTERIUM FÜR WIRTSCHAFT UND ENERGIE: Maschinen- und Anlagenbau. http://www.bmwi.de

5. BUNDESMINISTERIUM FÜR BILDUNG UND FORSCHUNG (Hrsg.): Industrie 4.0 Innovationen für die Produktion von morgen. https://www.bmbf.de/pub/Industrie_4.0.pdf. Version: 2015

6. GRIMM, Reinhard: Portfoliomanagement in Unternehmen: Leitfaden für Manager und Investoren. s.l.: Springer Fachmedien Wiesbaden, 2014. http://lib.myilibrary.com/detail.asp?id=598900. – ISBN 978–3–658–00259–6

7. HINTERHUBER, Hans H.: Strategische Unternehmungsführung. Bd. / Hans H. Hinterhuber; 1: Strategisches Denken: Vision, Ziele, Strategie. 8., neu bearb. und erw. Aufl. Berlin: Erich Schmidt, 2011. http://www.gbv.de/dms/faz-rez/FD1201508314661897.pdf. – ISBN 9783503136117

8. KASCHNY, Martin ; NOLDEN, Matthias ; SCHREUDER, Siegfried: Innovationsmanagement im Mittelstand: Strategien, Implementierung, Praxisbeispiele. Wiesbaden: Springer Gabler, 2015. http://search.ebscohost.com/login.aspx?direct=true&scope=site&db=nlebk&AN=999293. – ISBN 978–3–658–02544–1

9. NIEMANN, Frank ; FLUG, Melanie ; PIERRE AUDOIN CONSULTANTS (PAC) GROUPE SA (Hrsg.): Innovation Register: Internet of Things I Germany I 2016. www.pac-online.de. Version: 2016

10. STATISTA GMBH: Statistiken zum Maschinenbau in Deutschland. http://de.statista.com, 2016

11. TAPHORN, Christoph ; WOLTER, Denise ; DR. JÜRGEN BISCHOFF (Hrsg.): Studie: Erschließen der Potenziale der Anwendung von „Industrie 4.0" im Mittelstand. http://www.agiplan.de/fileadmin/pdf_dokumente/ Studie_Industrie_40_BMWi_gesamt.pdf. Version: 2015

12. VDI VERLAG GMBH: VDI Nachrichten: Technik Wirtschaft Gesellschaft: Digitalisierung. In: VDI Nachrichten 2016, Nr. 10/11/12. http://www.vdi-nachrichten.com/

13. WELGE, Martin K. ; AL-LAHAM, Andreas: Strategisches Management: Grundlagen – Prozess – Implementierung. 6., aktualisierte Aufl. Wiesbaden: Springer Gabler, 2012 (Lehrbuch). – ISBN 9783834924766

14. WENDT, Susanne: Strategisches Portfoliomanagement in dynamischen Technologiemärkten: Entwicklung einer Portfoliomanagement-Konzeption für TIME Unternehmen: Univ., Diss. – Bamberg, 2012. Wiesbaden: Gabler Verlag, 2013 (Unternehmensführung & Controlling). https://doi.org/10.1007/978-3-8349-4273-9. – ISBN 978–3–8349–4272–2

15. WIESELHUBER und PARTNER GMBH: Geschäftsmodell-Innovation durch Industrie 4.0: Chancen und Risiken für den Maschinen- und Anlagenbau. 2015

Disruptive Geschäftsmodelle im Maschinenbau

4

Zusammenfassung

Im vierten Kapitel wird die Möglichkeit für disruptive Geschäftsmodelle untersucht. Es wird davon ausgegangen, dass sich auf Grund der technologischen Möglichkeiten der vierten industriellen Revolution die Branchenentwicklung des Maschinen- und Anlagenbaus radikal ändert, proprietäre Konzepte aufgebrochen und offene Konzepte entwickelt werden, welche disruptive Wirkung entfalten. Da die vierte industrielle Revolution durch die Dezentralisierung und Serviceorientierung bestimmt ist, werden Service-Konzepte untersucht. In disruptiven Geschäftsmodellen ist auf Grund der fehlenden Industriestandards zu Schnittstellen eine Serviceorientierung nur begrenzt realisierbar. Die disruptive Entwicklung von Geschäftsmodellen ist daher nicht gegeben. Aus Sicht von befragten Unternehmen werden in Zukunft starre Softwaresysteme von flexiblen Hard- und Softwaresystemen abgelöst. Auf dieser Grundlage wurde für die Technologie der Modularisierung auf Grund des noch fehlenden Wettbewerbs und der geringen Bedrohungen durch Konkurrenten und Ersatzprodukte ein neues modulares Maschinenkonzept für ein Beispielunternehmen entwickelt. Für die Implementierung serviceorientierter Geschäftsmodelle wird ermittelt, dass sich auf Grund der serviceorientierten Struktur die Wertekette des Maschinenbaus und klassische Strukturen wie die Automatisierungspyramide radikal ändern. Zur Umsetzung disruptiver Geschäftsmodelle sind in den nächsten Jahren technologisch bedingt höhere Investitionen erforderlich, um den Anforderungen der vierten industriellen Revolution nachzukommen.

Disruptiv wird eine neue Technologie oder ein neues Geschäftsmodell, wenn diese einen Markt so dominieren, dass etablierte Unternehmen mit ihrem Produkt verdrängt werden. Veränderungsprozesse erfolgen dabei eher in revolutionärer Form statt in evolutionärer Form. Der Zeitraum kann bis zur Marktdurchdringung dabei unterschiedlich ausfallen.

Als Beispiel wäre hier die Analogfotografie zu nennen, die fast komplett von der Digital-fotografie verdrängt wurde. Das Prinzip der disruptiven Geschäftsmodelle geht auf Clay-ton M. Christensen zurück, Professor an der Harvard Business School. Christensen nennt als Hauptgrund, warum Unternehmen der Blick für revolutionäre Neuerungen fehlt, den Umstand, dass sie zu sehr am bestehenden Kundenstamm und den bestehenden Ressour-cen festhalten. Als zweiten Grund nennt Christensen, dass der Wachstumsbedarf größerer Firmen aus sich entwickelnden Nischenprodukten nicht gedeckt werden kann, da die Mar-gen anfänglich zu klein ausfallen. Daher besteht von vorn herein kein Anreiz zur Entwick-lung und die Wahrscheinlichkeit ist groß, dass Start-ups oder kleinere Unternehmen in diesen neuen Markt eindringen [4].

Unternehmen, die es verstehen, zukünftig nicht nur die ausgereifte Maschinenbautech-nik zu liefern und sich auf individuelle Kundenbedürfnisse einzustellen, sondern das attraktivste Geschäftsmodell bzgl. Transferkosten insgesamt haben, werden den Potenzia-len der vierten industriellen Revolution näher kommen (vgl. Theoretische Ansätze der strategischen Positionierung, Abschn. 2.3.2). Auf Kundenseite entsteht der Nutzen nicht allein durch die isolierte Maschine, sondern erst durch das Zusammenspiel aller im Pro-zess eingebundener Anlagen mit den innovativen Geschäftsmodellen. Zur Entwicklung disruptiver Geschäftsmodelle ist es wichtig, über den Tellerrand zu schauen und sich dabei von den verwurzelten bisherigen Branchenlogiken zu lösen. Wettbewerber, die nicht an unflexible Organisationsstrukturen gebunden sind, werden es einfacher haben, disruptive Innovationen umzusetzen und im Markt zu etablieren. Auch wie in Abschn. 3.3.1 darge-stellt, gehen Maschinen- und Anlagenbauer strategische Kooperationen mit Firmen der Informations- und Kommunikationstechnik ein, um ihre Kernkompetenzen zu ergänzen, oder sie bauen selbst entsprechendes Know-how auf, um ein disruptives Geschäftsmodell umzusetzen [14]. Die maßgebende Politik zur Ausrichtung disruptiver Geschäftsmodelle in dieser Größenordnung kann nur auf der Ebene der Geschäftsleitung stattfinden.

4.1 Initiierung disruptiver Geschäftsmodelle

In diesem Kapitel soll das Szenario betrachtet werden, dass die Branchenentwicklung sich im Maschinen- und Anlagenbau radikal ändert, proprietäre Konzepte aufgebrochen und offene Konzepte entwickelt werden. Als offenes Konzept soll verstanden werden, dass die IT-Durchdringung wesentlich stärker ausgeprägt sein wird als beim evolutionären Geschäfts-modell der digitalen Erweiterung. Softwareanbieter können in der Maschinenbaubranche Fuß fassen und intelligente Services zur Produktionsoptimierung in Form von Apps anbie-ten. In diesem neuen Marktsegment können sich bisherige Maschinenbauunternehmen mit IT- und Internet-Unternehmen gemeinsam einen Markt teilen. Hier liegt die Herausforde-rung auf der Seite des Maschinenbau, da die stark technologie- und ingenieurgetriebene Denkweise ein neues systematisches Denken hinsichtlich der vierten industriellen Revolu-tion erfordert. Für das Maschinenbauunternehmen wird es dadurch immer schwieriger sein, sich in der engen Nische zu behaupten und seine vorteilhafte Position mit der bisherigen

Marktmacht zu behalten (vgl. Industrieökonomik Abschn. 2.3.2). Denn weiterhin kommt hinzu, dass die Zahlungsbereitschaft des Kunden für die reine Maschine rückläufig ist und eher gesamtheitliche Konzepte für den Produkt-Life-Cycle gefragt sind [14].

4.2 Positionierung im disruptiven Maschinenbau

4.2.1 Vision für disruptive Geschäftsmodelle

Die vierte industrielle Revolution ist bestimmt durch den Wechsel von einer zentralen Steuerung zur dezentralen Prozesssteuerung und von der Produktorientierung hin zur Serviceorientierung, um die Potenziale der Selbstoptimierung und Selbstkonfiguration vollständig auszunutzen. Unter Serviceorientierung wird ein Modell dienstorientierter IT-Architektur verstanden (Service-oriented Architecture, SOA). Statt fester Strukturen soll sich jeder Geschäftsbereich dezentral selbst optimieren. Dies bedeutet, dass das ganze Unternehmen aus Service-Leistungseinheiten besteht, von den Abteilungen bis zu den einzelnen Maschinen und Anlagen, die intern sowie extern einen Service anbieten. Dieses Leistungsangebot wird als XaaS (Everything as a Service) bezeichnet [10]. Zu serviceorientierten Geschäftsmodellen gehören zum Beispiel Ergänzungsleistungen wie automatisierte Lieferung von Verbrauchsmaterial in Versorgungskreisen, mechanische Bearbeitungsleistung (Pay-per-Use Modell), Modularisierung von Produkten (Plug & Produce-Modell) oder dezentrale Prozessverantwortung[14]. Durch die gewonnene Autonomie ergibt sich eine Aufwandsreduzierung für das Unternehmen und die Beschäftigten. Selbstorganisierende und flexible Kapazitätsplanung verbessern die Ressourcenverteilung auf aktuelle Produktions- oder Fertigungsauslastungen.

Für die hier vorab genannte Geschäftsmodell-Vision der Selbstoptimierung und Selbstkonfiguration soll in den nachfolgenden Abschnitten eine Geschäftsmodell-Prototyp-Entwicklung erfolgen, die die Potenziale der vierten industriellen Revolution gegenüber den evolutionären Geschäftsmodellen weiter ausschöpft und radikal verändert. Es soll das Potenzial der vierten industriellen Revolution anhand der übergreifenden Vernetzung des gesamten Product-Life-Cycle veranschaulicht werden, was durch bisherige proprietäre Konzepte verhindert wird. Die Entwicklung wird dazu wie nachfolgend gegliedert:

- Gewinnung von Ideen zur Ausgestaltung der Elemente der Geschäftsmodelle
- Erstellung von Kombinationen der Elemente von Geschäftsmodellen
- Bewertung der Geschäftsmodell-Prototypen

Nachfolgend sollen Geschäftsmodell-Visionen für den Maschinen- und Anlagenbau auf Basis von Service-Modellen zur Dezentralisierung und Serviceorientierung vorgestellt und bewertet werden. Die Visionen charakterisieren sich als Grundlage für sich selbst optimierende und selbst konfigurierende Netzwerke.

4.2.2   Value as a Service (VaaS)

Value as a Service liefert ein Wertversprechen, das von Seiten des Maschinenbaus als interner und externer Services angeboten werden kann. Als Beispiel wäre hier *Logistic as a Service* der Firma Amazon oder *Mobility as a Service* der Firma Daimler zu nennen. Für den Maschinenbau kann als Beispiel die Unternehmensstruktur aus Abb. 3.9 herangezogen werden, um aus den primären Elementen der Wertschöpfungskette eine Service-Struktur festzulegen. Diese Bereiche werden dann als Dienste im Netzwerk zur Verfügung gestellt, die dann von anderen organisierenden Diensten, wie Planungstools genutzt werden können.

- Construction as a Service
- Production as a Service
- Assembly as a Service
- Commissioning as a Service
- Service as a Service

Diese Services verstehen sich als Ressource, die für einen bestimmten terminlichen Zeitraum auf offenen Plattformen oder Partnernetzwerken zur Verfügung stehen und angeboten werden. *Construction as a Service* stellt Konstruktionsstunden zur Verfügung, die als freie Ressource erscheinen, sobald Kapazitätsfreiräume entstehen. *Production as a Service* kann Fertigungsressourcen auf Maschinen zur Verfügung stellen und diese ebenfalls im Netzwerk anbieten. *Assembly as a Service* liefert Montagekapazitäten, die für interne und externe Zwecke verwendet werden sowie in Partnernetzwerken zur Verfügung stehen. *Commissioning as a Service* liefert die Inbetriebnahme von Anlagen oder einzelnen Anlageteilen, um zusammenhängende Systeme in Betrieb zu nehmen.

Mit der Aufteilung der Abteilungen in einzelne Services transformieren sich diese zu eigenständigen Geschäftseinheiten, die sich in internen oder externen Netzwerken als Dienst für andere Dienste anbieten und somit ein neues Angebotsportfolio für das Unternehmen bilden. Für den Maschinenbau bedeutet das, dass die eigene Angebotsarchitektur und eigenen Geschäftsprozesse radikal zu überarbeiten und neu auszurichten sind, um dieses Geschäftsmodell der vierten industriellen Revolution betreiben zu können.

Beispiel: KapaflexCy bei BorgWarner
Die heute üblichen Anweisungskaskaden im Top-Down-Prinzip werden durch CPS-basierte Kapazitätssteuerungsprozesse für die Produktion ersetzt. Produktionskapazitäten werden autonom gesteuert und Mobilgeräte werden hierzu genutzt, um Mitarbeiter hochflexibel, kurzfristig und unternehmensübergreifend im Ablauf der Wertschöpfungskette einzuplanen [3].

4.2.3   Modules as a Service (MaaS)

Modules as a Service (MaaS) ist für den Maschinenbau relevant, da bisherige Maschinenkonzepte als fertige Module angeboten werden können. Diese Module können sowohl als Hardware als auch als Software bereitgestellt werden [14]. Als digitalisierte HardwareModule können bisherige Maschinenkonzepte des Maschinenbaus erhalten bleiben, jedoch müssten die Schnittstellen grundsätzlich überarbeitet werden, um einem Industriestandard zu entsprechen, da diese bisher nur auf einen internen Firmenstandard basieren. Software-basierte Funktionen zur Datenauswertung könnten als weiteres Modul angeboten werden (vgl. Vernetzung und Integration durch Cloud Computing Abschn. 3.2.4) oder mit einer offenen standardisierten Schnittstelle für Entwickler zugänglich gemacht werden, um über Software Development Kids (SDK) weitere Softwarefunktionen zu implementieren. Die modularisierten Leistungen und Services werden über Plattformen zur Verfügung gestellt, (vgl. Software/Platform/Infrastructure as a Service Abschn. 4.2.5) welche standortübergreifend, unternehmensintern und in Partnernetzwerken oder auf offenen Plattformen angeboten werden. Durch die Entwicklung von *Modules as a Service* (MaaS) würde die bisherige Nutzerschnittstelle vom Maschinenhersteller an den Softwareanbieter oder Dritte übergehen. Durch die gewonnene Modularisierung könnte sich das Maschinenbauunternehmen nur noch über die eigentliche Maschinenhardware differenzieren und die Verwendbarkeit der Maschine würde dann nur über die zusätzliche Software erzeugt werden [14]. Als Beispiel wäre das Konzept von Google Project Ara zu nennen, mit dem es möglich ist, ein Mobiltelefon aus einzelnen Hardwaremodulen frei zu konfigurieren.

Mit dem Konzept der Modularisierung wird sich der Maschinenbau weiterhin auf seine Kernkompetenz konzentrieren. Softwareanbindungen werden aber in einer Form implementiert, die Drittfirmen eigene Erweiterungen erlauben. Es ist in der Softwarebranche (z. B. SAP) sogar ein Standard, dass Hersteller die Entwicklung des Kernproduktes vornehmen, und Integrationspartner fügen dann eigenentwickelte Komponenten hinzu, um es an Kundenbedürfnisse anzupassen [5]. Die Modularisierung wird seitens des Maschinenbaus enden, wo Funktionen der Maschinensicherheit an die Maschine gebunden bleiben müssen und nicht modularisiert werden können. Denn der Maschinenfertiger ist für die Konformität der Anlage nach der Maschinenrichtlinie[1] verantwortlich, eine Leistung, die ein IT-Unternehmen nicht liefern kann und auch nicht liefern wird. Daher wird ein Maschinenbauunternehmen zukünftig immer eine vollständige Maschine liefern und die ITZusatzangebote schaffen, sodass dieser Rückzugsort des Maschinenbaus erhalten bleibt. Dass der Wettbewerb nicht in die Kompetenzen des Maschinenbaus eindringen wird, ist neben den fehlenden Schnittstellenstandards ein weiterer Aspekt.

Die Modularisierung und Standardisierung zur Verknüpfung aller Systemeinheiten ist von wesentlicher Bedeutung, da diese eine Voraussetzung für die Potenziale der Selbstorganisation der vierten industriellen Revolution darstellen (vgl. Cyber-physische

---

[1] Die Richtlinie 2006/42/EG (Maschinenrichtlinie) regelt ein einheitliches Schutzniveau zur Unfallverhütung für vollständige und unvollständige Maschinen beim Inverkehrbringen.

Systeme Abschn. 3.2.3). Erst mit der Modularisierung und Standardisierung werden die Visionen der vierten industriellen Revolution umzusetzen sein, wobei mit der Modularisierung von Produkten im Maschinenbau bereits begonnen wurde, jedoch diese Standardisierung bisher nur proprietär erfolgte und nicht auf einem Industriestandard beruht [10].

Die Herausforderung, den Anforderungen der vierten industriellen Revolution nachzukommen, wird gerade in der Harmonisierung zwischen IT und Maschinenbau liegen. Hierzu sind Software-Architekturmodelle für einen einheitlichen Standard des Informationsaustauschs auf allen Geschäftsebenen notwendig. Bisher werden in der Industrie nur proprietäre Konzepte umgesetzt, weshalb keine unternehmensübergreifende Kommunikation innerhalb von Industrien möglich ist. Der Verein Deutscher Ingenieure (VDI) entwickelt derzeit in Zusammenarbeit mit dem Bundesverband Informationswirtschaft, Telekommunikation und neue Medien e. V. (Bitkom), dem Verband Deutscher Maschinen- und Anlagenbau (VDMA), dem Zentralverband Elektrotechnik- und Elektronikindustrie e. V. (ZVEI) und ausgewählten deutschen Unternehmen auf der Grundlage des Smart Grid Architecture Model[2] ein Architekturmodell für die Standardisierung der Kommunikation in Netzwerken der vierten industriellen Revolution und hat auch zur Weiterentwicklung angeregt [1]. Abb. 4.1 zeigt das Modell in einem dreidimensionalen Koordinatensystem. Auf der rechten horizontalen Achse „Hierarchy Level" sind die Hierarchiestufen der

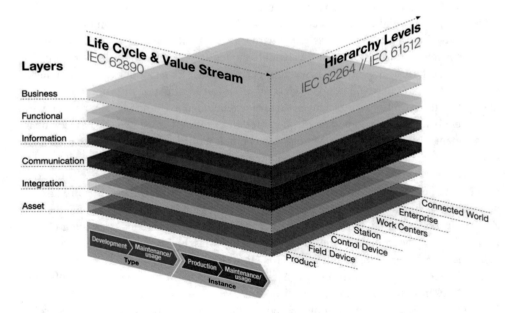

Abb. 4.1 Referenzarchitekturmodell zur vierten industriellen Revolution. (Nach Quelle [11])

---

[2] Das Smart Grid Architecture Model ist eine europäische und internationale Norm zur Standardisierung und Normierung zum Aufbau intelligenter Stromnetze.

Unternehmens-EDV und Leitsysteme angeordnet (nach IEC 62264). Die linke horizontale Achse „Life Cycle & Value Stream" bildet die Wertschöpfungskette von Anlagen und Produkten ab. In der dritten vertikalen Achse „Layers" wird das digitale Abbild einer Maschine strukturiert. Diese Struktur für einen Industriestandard wird benötigt, um die Vernetzung aller Industrien zu vereinheitlichen und zu standardisieren und somit eine autonome Kommunikation zu ermögliche [11].

Nach bisherigem Stand beschreibt das Modell nur eine Architektur. Die Identifikation der Teilnehmer zur selbstständigen Vernetzung, die verwendete Semantik, Sicherheitsaspekte sowie Kommunikationsprotokolle werden nicht betrachtet und müssen noch weiterentwickelt werden. Der VDI hat bereits im Jahr 2016 eine Spezifikation (DIN SPEC 91345) zur Umsetzung des Referenzarchitekturmodell herausgebracht, welcher als Empfehlung eines neuen Industriestandards gelten soll (vgl. Schnittstelle zur Modularisierung Abschn. 4.2.3).

Beispiel: SecurePLUGandWork

Im Forschungsprojekt SecurePLUGandWork des Bundesministeriums für Bildung und Forschung (BMBF) werden nach dem Plug-and-Play-Prinzip sichere Kommunikations-konfigurationen für Maschinen auf Industriestandard zur Modularisierung untersucht. Bei erfolgreicher Umsetzung würde das bedeuten, dass zukünftige Inbetriebnahmearbeiten zur Konfiguration eines Gesamtsystems auf bis 20 % reduziert werden können. Bei überlagerten IT-Systemen, die je nach Anlagenänderung an verkettete Systeme angebunden werden, liegen die Einsparungen bei bis zu 70 % [3].

4.2.4 Planning as a Service

Das Leistungsangebot des *Planning as a Service* im Maschinenbau kann mit MES-Applikationen verglichen werden, welche die Schnittstelle zwischen ERP- und SPS-Anlagensteuerung bilden. Es geht nicht mehr um die Integration eines MES-Produktes, sondern der Schwerpunkt liegt auf der Schaffung des Mehrwertes bei der Produktionsplanung und Steuerung über den gesamten Product-Life-Cycle. Also die Produktionsplanung selbst wird als Dienstleistung angeboten, um effiziente Wertschöpfungsketten zu gestalten [14].

Die Planung zielt darauf ab, selbstorganisierende Produktionseinheiten und deren Services zu verknüpfen, um durch die Autonomie Regelkreise zu schaffen, die sich selbst mit Material und Verbrauchsgütern durch logistische Aktionen versorgen. Damit werden verkürzte Durchlaufzeiten sowie eine verbesserte Produktivität erreicht [10].

4.2.5 Software/Platform/Infrastructure as a Service

Diese Softwareprodukte eigenen sich besonders als dezentrale, unternehmensweite und -übergreifende Anwendung. Mit den Produkten wird es ermöglicht, die horizontale und vertikale Integration weiter auszubauen. Bei einem klassischen MES-Produktionspla-nungssystem führen hingegen die Services aus der Cloud zur stärkeren Vernetzung von Produktions- und Auftragsabwicklungsprozessen in horizontaler Richtung.

4.2.5.1 Software as a Service (SaaS)

Bei *Software as a Service* wird die IT-Infrastruktur, die normalerweise in geschlossenen IT-Architekturen installiert ist, als Cloud-Variante durch einen externen Dienstleister angeboten. Nach einer Studie von Pierre Audoin Consultants nutzen 90 % der deutschen Unternehmen Software zur Finanzbuchhaltung sowie 70 % der Unternehmen ERP-Software [7]. Weiterhin geht aus der Studie hervor, dass mehr als 70 % der IT-Verantwortlichen glauben, dass ERP-Systeme in der Cloud in Zukunft ein fester Bestandteil der IT in Firmen sein werden und sich langfristig durchsetzen werden. 70 % der IT-Verantwortlichen sehen dabei den geringeren Administrationsaufwand als entscheidenden Mehrwert von ERP aus der Cloud [7]. Die Kostenersparnis durch ERP-Lösungen aus der Cloud können durch die Einsparung der Mietmodelle und deren Kapitalbindung für teure Softwarelizenzen erzielt werden. IT-Infrastruktur wie Server-Rechenzentren und Sicherheitsarchitekturen fallen hier teilweise komplett weg, wodurch das Unternehmen mit weniger IT-Personal auskommen kann und sich dadurch die Gesamtkosten der Unternehmens-IT noch weiter reduziert. Die Cloud-Funktionalität kann auf die jeweilige Unternehmenssituation skaliert werden, wodurch es mit der Unternehmensentwicklung mitwächst [11].

Nach Einschätzungen von Experten werden sich gerade bei kleineren Maschinenbauunternehmen Private Clouds verstärkt durchsetzen, um z. B. das ERP-System in die Cloud zu verlagern und somit die Investitionen für teure IT-Systeme, die regelmäßig gewartet werden müssen, einzusparen. In der Cloud kann die Funktionalität genutzt werden, die tatsächliche benötigt wird und für die letztendlich bezahlt wird. Die Wandlungsfähigkeit und die Skalierbarkeit sind ein weiterer wesentlicher Faktor für Einsparpotenziale der Investitionskosten [14]. Abb. 4.2 bestätigt die Relevanz für ERP-Systeme in der Cloud.

Nach dem Verein Deutscher Ingenieure (VDI) werden weiterhin bisherige starre, lokale EPR-Systeme durch die Digitalisierung zunehmend an Bedeutung verlieren und SaaS-Lösungen sich stärker durchsetzen [11]. Abb. 4.3 zur Prognose zum Umsatz mit Cloud-Services bis 2018 [9] bestätigt die Zunahmen von Service-Angeboten in Deutschland.

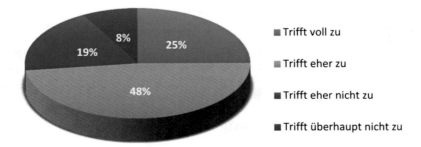

Abb. 4.2 ERP aus der Public Cloud wird zukünftig ein fester Bestandteil in der IT von Firmen sein. (Nach Quelle [7])

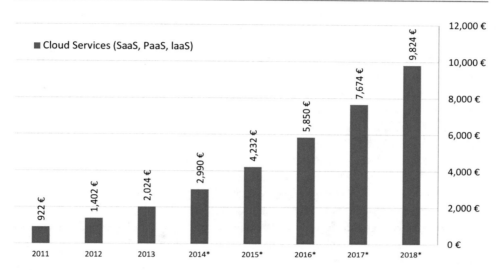

Abb. 4.3 Prognose zum Marktvolumen von Cloud Services (B2B) in Deutschland nach Segment bis 2018 (in Millionen Euro, *laut Quelle beruhen die angegebenen Werte auf Prognosen). (Eigene Darstellung, nach Quelle Bitcom [7])

Beispiel: ACELOT GmbH

Die DATANOMIQ GmbH integriert eine SaaS-Plattform, welche Rechnungen (inkl. Preisschwankungen von realen Rohstoffindizes) und Stücklisten im Einkauf automatisiert und unter Einbeziehung von externen Marktdaten analysiert und aktualisiert [2].

4.2.5.2 Platform as a Service (PaaS)

Platform as a Service (PaaS) ist eine Cloud-Computing-Lösung, um es Entwicklern zu ermöglichen, Applikationen in der Cloud-Umgebung umzusetzen. Zu den bekanntesten Anbietern gehören Microsoft Azure, Amazon Web Services oder SAP Hana.

4.2.5.3 Infrastructure as a Service (IaaS)

Infrastructure as a Service (IaaS) bietet Rechen-, Speicher- und Netzwerkservice via Cloud. Damit ist es für den Maschinenbau möglich, monolithische Systeme individuell an die Anforderungen des Product-Life-Cycle anzupassen.

Beispiel: pICASSO

Maschinen der Automatisierungstechnik verfügen heutzutage über monolithische, abgeschlossene Steuerungen, welche begrenzte Rechenleistung aufweisen. Das Projekt pICASSO des Bundesministeriums für Bildung und Forschung (BMBF) beschäftigt sich mit der Dezentralisierung und Skalierung von Rechenleistung in der Cloud [3].

4.2.6 Umweltanalyse disruptiver Geschäftsmodelle

Nachfolgend soll die Mikro-Umwelt für VaaS-, MaaS- und SaaS-Konzepte untersucht werden, um eine Konkurrenz- und Wettbewerbsanalyse durchzuführen (vgl. Einflusskräfte der Umwelt Abschn. 2.3.2.1).

Nach eigenen Recherchen nutzen laut einer Umfrage 100 % von zwölf befragten Unternehmen (mehr als 10.000 Mitarbeiter) eine Teilung von Kapazitäten nach dem Prinzip *Value as a Service*. Die Teilung erfolgt jedoch nicht auf öffentlichen Plattformen und basierenden Standards für Schnittstellen, sondern firmenintern. Die Gründe dafür sind zum einen die fehlenden Plattformen und zum anderen fehlende standardisierte Schnittstellen. Keines der Unternehmen (weniger als 2500 Mitarbeiter) verwendet diese Art von Ressourcenteilung. Abb. 4.4 zeigt die Ergebnisse der Umfrage. Hieraus ist zu schließen, dass grundsätzliche Value-as-a-Service Konzepte in geringem Umfang umgesetzt sind und die Realisierung der vierten industriellen Revolution nicht gewährleistet ist.

In der Umfrage wurden Unternehmen mit dem Schwerpunkt Produktionsmaschinen befragt. Das spiegelt sich auch in den Umfrageergebnissen zu *Planning as a Service* wider. Unternehmen bieten hier fast durchgängig übergeordnete MES-Softwarelösungen zur Produktionsteuerung an. Abb. 4.5 zeigt die Ergebnisse der Umfrage. Mit MES-Systemen

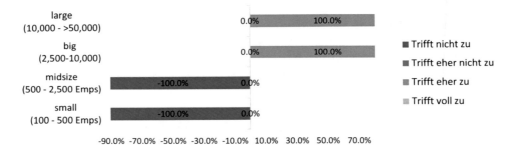

Abb. 4.4 Umfrage: Denken Sie daran, interne Ressourcen über Plattformen anzubieten (Value as a Service)? (Eigene Darstellung)

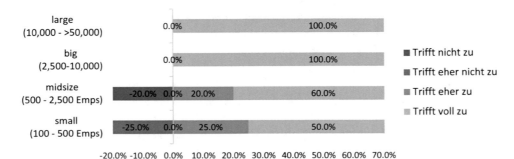

Abb. 4.5 Umfrage: Entwickeln Sie Produkte zur Produktionsplanung (Planning as a Service)? (Eigene Darstellung)

ist die dritte industrielle Revolution im Bereich Maschinenbau nahezu ausgeschöpft (vgl. Revolutionen der Industrie Abschn. 2.1). Gesamtlösungen zur Produktsteuerung über den gesamten Product-Life-Cycle werden nach der Umfrage vorrangig von IT-Unternehmen angeboten.

Aus Sicht der befragten Unternehmen werden in Zukunft starre Softwaresysteme, die Maschinenbauunternehmen bisher lieferten, von flexiblen Hard- und Softwaresystemen abgelöst. Das bestätigt die Umfrage in Abb. 4.6 und die Studie [14]. Unternehmen sind fast durchgängig der Meinung, dass sie ihr Angebot nach Kundenanforderungen weiter modularisieren müssen, damit leicht umkonfigurierbare Fertigungsangebote für den Endkunden realisiert werden können.

Nach der Umfrage werden zukünftig Unternehmen ihre Software zur Steuerung der Produkte in die Cloud verlagern, um dezentrale Vorteile der unternehmensweiten und -übergreifenden Vernetzung zu nutzen. Abb. 4.7 zeigt die Ergebnisse der Umfrage.

Die Abb. 4.8 der Umfrage zeigt auch, dass die technologische Basis und der Reifegrad bzgl. der Netzneutralität und Datensicherheit (vgl. Reifegrad Abschn. 2.3.2.1) derzeit nicht ausreichend sind, um Rechen-, Speicher- und Netzwerkleistung in Cloud-Umgebungen auszulagern.

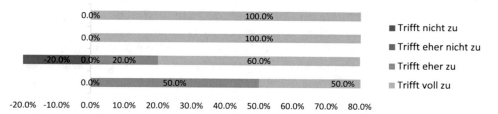

Abb. 4.6 Umfrage: Denken Sie daran, offene Hard- und Software anzubieten und Anlagen zur Weiterentwicklung freizugeben (Modules as a Service)? (Eigene Darstellung)

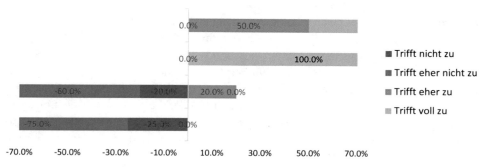

Abb. 4.7 Umfrage: Denken Sie daran, ihre MES-Software in die Cloud zu verlagern (Platform as a Service)? (Eigene Darstellung)

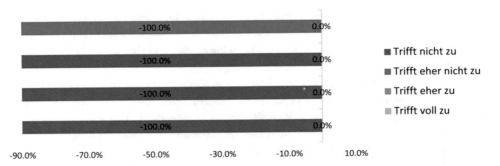

Abb. 4.8 Umfrage: Denken Sie daran, Rechen-, Speicher- und Netzwerkleistung in die Cloud zu verlegen (Infrastructure as a Service)? (Eigene Darstellung)

Nachfolgend soll die Untersuchung der Makro-Umwelt anhand der PESTLE-Analyse durchgeführt werden (vgl. Einflusskräfte der Umwelt Abschn. 2.3.2.1).

4.2.6.1 Politische Unterstützung

Die politische Unterstützung für disruptive Entwicklungen im Bereich der vierten industriellen Revolution lässt sich ebenfalls wie bei evolutionären Entwicklungen durch Förderprogramme des Bundesministeriums für Bildung und Forschung bestätigen. Die Förderung innovativer Projekte zur Dezentralisierung und Serviceorientierung wird seitens der Politik unterstützt (vgl. Beispiel: SecurePLUGandWork Abschn. 4.2.3).

Der VDI hat bereits im Jahr 2016 eine Spezifikation (DIN SPEC 91345) zur Umsetzung des Referenzarchitekturmodells herausgebracht, welche als Empfehlung eines neuen Industriestandards gelten soll (vgl. Schnittstelle zur Modularisierung Abschn. 4.2.3). Es ist davon auszugehen, dass nach weiterer Entwicklung zur verwendeten Semantik sowie Sicherheitsaspekten gegen 2019 mit einer Wettbewerbszunahme im Bereich IT für den Maschinenbau zu rechnen ist. Auf Grund von standardisierten Kommunikationsstandards wird es dem IT-Bereich ermöglicht, tiefer in den bisherigen Nischenbereich des Maschinenbaus einzudringen und softwarebasierte Produkte einzubringen.

4.2.6.2 Technologische Basis und Reifegrad

Die Dezentralisierung der Unternehmenssteuerung und die Ausprägung einer Serviceorientierung sind im Anlagen- und Maschinenbau geringfügig umgesetzt. Dienstleistungen, die im Maschinenbau angeboten werden, beschränken sich weitgehend auf After-Sales-Services. Anstelle von Produkten auch interne freistehende Leistungen anzubieten, ist auf Grund der nötigen Geschäftsmodelle bei wenigen mittelständischen Unternehmen möglich. Bearbeitungsleistungen wie Konstruktion oder Fertigung werden hingegen standardmäßig angeboten, wobei die Abstimmung über Kapazitäten weitestgehend über E-Mail und Telefon erfolgt. Die Planung der internen Mitarbeiterkapazitäten verläuft im Maschinenbau teilweise ohne Hilfsmittel oder mit eigenen Microsoft-Excel-Tabellen ohne Anbindung an ein internes ERP-System. Eine gewisse Autonomie wird im Maschinenbau bei der Materiallogistik genutzt. Wird Material aus dem Lager genommen und gebucht, löst das eine vorab definierte automatisierte Nachbestellung auf ein Mindeststand aus [10].

Die Anschaffung serviceorientierter Systeme ist mit erheblichen Investitions- sowie Wartungskosten verbunden. Da bisherige ERP-Systeme diese Funktionalität nur geringfügig unterstützen, müssen diese komplett ersetzt werden. Derzeit haben sich wenige solcher Systeme etabliert, da sich diese in der Entwicklungsphase befinden und in der Praxis kaum erprobt sind, damit ist ihre Rentabilität bisher nicht gegeben. Die heute übliche Struktur der Informations- und Kommunikationstechnologie basiert in der Regel auf klassischen Computersystemen. Zur Nutzung von servicebasierten Diensten in unternehmensweiten und -übergreifenden vernetzten CPS ist eine Anpassung notwendig, welche bisher noch nicht umgesetzt wurde. An dieser Stelle mangelt es noch an entsprechenden Standards, die eine Verbreitung von CPS erleichtern könnten [10].

Modules as a Service ist auf Grund des fehlenden Industriestandards zu Schnittstellen derzeit nur begrenzt umsetzbar. Die Autonomie kann derzeit auf Grund des fehlenden Industriestandards nicht umgesetzt werden. Es existieren zwar Lösungen zur Modularisierung am Markt, z. B. von Maschinenteilen, die Schnittstellen basieren aber auf keinem Industriestandard, was eine Kombinatorik mit anderen Maschinen erschweren würde. In Partnernetzwerken würden sich durchaus Konzepte von modularen Einheiten realisieren lassen, jedoch wären diese auf Grund des fehlenden Standards nicht bei anderen Unternehmen adaptierbar und weiterhin eine kostspielige Entwicklung.

Planning as a Service ist im Maschinenbau nur in Verbindung mit MES-Lösungen anzutreffen, welche vorrangig durch IT-Unternehmen umgesetzt werden. Die Einbindung erfolgt unternehmensintern nach dem Prinzip der klassischen Automatisierungspyramide (vgl. Automatisierungspyramide Abb. 3.2) und nicht in übergreifenden Weise über die Produktionsstandorte oder den Product-Life-Cycle.

Auch im disruptiven Geschäftsmodell bergen Hybrid-Cloud-Modelle auf Grund ihrer vertikalen, horizontalen und dezentralen Vernetzungen Sicherheitsrisiken. Durch die Vielzahl von Schnittstellen und die fehlenden Industriestandards zur Kommunikation in Netzwerken ergibt sich eine Fehleranfälligkeit der vernetzen Systeme, wie dies auch im evolutionären Geschäftsmodell der Fall ist (vgl. Technologische Basis und Reifegrad Abschn. 3.2.5.3).

Aus dem vorab genannten Umsetzungsstand im Maschinen- und Anlagenbau lässt sich ableiten, dass zur Realisierung der Dezentralisierung und Serviceorientierung zuerst neue Softwarefunktionalitäten im Maschinenbau realisiert und implementiert werden müssen. Denn nur dadurch wäre eine radikale und disruptive Innovation in Richtung Selbstoptimierung und Selbstkonfiguration zu ermöglichen. Zur Bereitstellung dieser Services sind Schnittstellen und Plattformen erforderlich, die aktuell noch nicht existieren bzw. nicht standardisiert sind.

4.2.6.3 Rechtssicherheit

Die mit der Einführung von autonomen und selbstkonfigurierenden Systemen einhergehende essenzielle Frage ist, wie zum einen die betriebliche Sicherheit und zum anderen die Vertragssicherheit unter den Handelspartnern garantiert und gestaltet werden kann. Auf Grund der fehlenden Plattformen zum Austausch der Services hat sich bisher kein Rechtsraum etabliert. Zur Gestaltung disruptiver Geschäftsmodelle stellt die Rechtssicherheit der verteilten Wertschöpfung einen wesentlichen Faktor dar (Sharing Modules Services). Weiterhin stellt sich die Frage der Produkthaftung und der korrekten gesetzlichen Besteuerung der Services.

Auch der Entwicklungsstand von automatischen Fertigungsanlagen ermöglicht noch kein paralleles Zusammenarbeiten mit dem Personal. Die Gefährdung der Beschäftigten durch autonome, logistische Systeme ermöglicht derzeit nur ein teilweises paralleles Zusammenarbeiten [10]. Demnach können zum heutigen Zeitpunkt nur bei entsprechendem technischen Reifegrad und bei Ausschluss von Fehlfunktionen der technischen Einrichtungen autonome Systeme freigeschaltet werden.

Für disruptive Geschäftsmodelle gelten ebenfalls die Betrachtungen zur Rechtssicherheit der evolutionären Geschäftsmodelle (vgl. Rechtssicherheit Abschn. 3.2.5.4).

Um den Anforderungen des Marktes zur Modularisierung nachzukommen (Market-Pull-Bedingungen), müssen zukünftig starre Softwaresysteme, die ein Maschinenbauunternehmen bisher lieferte, durch flexible Softwaresysteme abgelöst werden. Es ist davon auszugehen, dass sich die Modularisierung im Maschinenbau stärker ausprägen wird als bisher.

Aus den Ergebnissen der Umweltanalyse soll anhand einer Marktattraktivitäts-Wettbewerbsstärken-Matrix für die Firma X die Marktattraktivität zum Konzept *Modules as a Service* für bestehende Anlagenkonzepte ermittelt werden. Die Firma X verkauft über einzelne Robotersysteme hinaus schlüsselfertige Roboter-Industrieanlagen für die Applikationen Schweißen, Punktschweißen, Kleben und viele Aufgaben mehr, die durch einen Industrieroboter bearbeitet werden können. Die Modularisierung soll so erfolgen, dass die reine Maschine von der HMI-Anlagenbedienung getrennt wird und nur noch optional zum Lieferumfang gehört. Damit ist es für ein Maschinenbauunternehmen möglich, sich weiter auf seine Kernkompetenz, die bei der reinen Anlage liegt, zu konzentrieren. Jedoch öffnet sich somit der Markt für die Anlagenbedienung und Anlagensteuerung, der bisher für den Wettbewerb und die IT verschlossen blieb.

Wie in Abb. 4.9 zu erkennen ist, behält das Technologiekonzept *Modules as a Service* trotz der Modularisierung weiterhin seine Wettbewerbsposition. Die Marktattraktivität sinkt im Gegensatz zur bisherigen Nischenposition des Produktes etwas ab. Sie kann jedoch auf Grund der noch fehlenden Mitbewerber für Module und des fehlenden Schnittstellenstandards zur Kommunikation zwischen den Modulen weiterhin behalten werden. Der Markteintritt für den Wettbewerb und die IT ist weiterhin erschwert und wird verhindert.

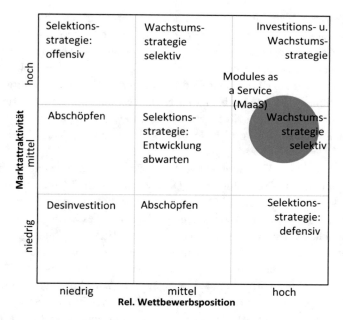

Abb. 4.9 Marktattraktivitäts-Wettbewerbsstärken-Matrix für *Modules as a Service*. (Eigene Darstellung)

4.3 Wertschöpfung

4.3.1 Analyse zur Umsetzung serviceorientierter Geschäftsmodelle

Genauso wie im evolutionären Geschäftsmodell sollen auf der Grundlage der in der Umweltanalyse ermittelten technologischen Basis und des Reifegrades serviceorientierte Geschäftsmodelle entwickelt werden. Die Bewertung und Auswahl eines geeigneten Service soll ebenfalls am Beispielunternehmen Firma X erfolgen.

In Anlehnung an das bestehende Kompetenz-Portfolio in Abb. 3.7 ist davon auszugehen, dass Kompetenzen zu den vorgestellten Technologien bei der Firma X erst aufgebaut werden müssen, da Kompetenz-Gaps bestehen. Auf Grund von Trendentwicklungen weg von starren Softwaresystemen wird durch Modularisierung ein hoher Kundennutzen erreicht werden können. Zur Steuerung und Ausgestaltung einer Strategie für zukünftige Produkt-Markt-Aktivitäten soll im disruptiven Geschäftsmodell anhand eines Technologie-Portfolios die strategische Planungsentscheidung erleichtert werden. Die unternehmens-externe Dimension bildet die Technologieattraktivität, die unternehmensinterne Dimension ist die der relativen Ressourcenstärke, welche sich aus den Faktoren Finanzstärke und Know-how-Stärke zusammensetzt [13]. Bei einer hohen Technologieattraktivität und hoher Ressourcenstärke ist eine Technologie zu fördern (Investitionsfeld T1). Umgekehrt ist bei einer niedrigen Technologieattraktivität und einer niedrigen Ressourcenstärke von Investitionen abzuraten (Desinvestitionsfeld T2). Bei hoher Technologieattraktivität, aber niedriger Ressourcenstärke ergeben sich zwei Handlungsalternativen: der Einstieg mit den damit verbundenen wesentlichen Investitionen oder der Ausstieg (technologieattraktives Feld T3). Hohe Ressourcenstärke, aber niedrige Technologieattraktivität birgt die Gefahr von Fehlinvestitionen (T4). In Abb. 4.10 ist das Technologie-Portfolio für disruptive Geschäftsmodelle für die Firma X dargestellt (Daten aus Umfrage Tab. A.6). Die Größe der visualisierten Technologie-Portfolios verhält sich proportional zur Wichtigkeit für das Unternehmen.

Anhand des ermittelten Portfolios lässt sich die Strategie für die weitere Technologie-entwicklung ableiten. Die Technologien im Desinvestitionsfeld T2 sollten auf Grund fehlender Kompetenzen im Bereich IT nicht weiterverfolgt werden, aber dennoch zur Reduzierung der Lizenz- und Softwarekosten für Nebenprozesse wie Reisekostenabrechnung oder Ähnliches verwendet werden. Die hier analysierten Technologien im Feld T2 dienen in weiterer Hinsicht der Optimierung der Unternehmensstruktur und werden in dieser Studie nicht weiter betrachtet. Aus dem attraktiven Technologiefeld T3 ergibt sich, dass Marktartaktivität besteht, jedoch keine Ressourcen zur Umsetzung vorhanden sind. Eine Handlungsempfehlung, ob die damit verbundenen Investitionen getätigt werden sollen oder ein Ausstieg erfolgt, ist durch die Geschäftsführung zu treffen. *Platform as a Service* und *Planning as a Service* wurden bereits im evolutionären Geschäftsmodell für

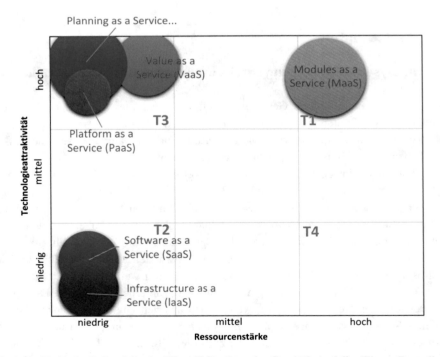

Abb. 4.10 Technologie-Portfolio der Firma X für disruptive Geschäftsmodelle. (Eigene Darstellung)

Cloud-Applikationen für ein Predictive-Maintenance-Konzept genutzt (vgl. Ressourcen- und Kostenbedarf Abschn. 3.3.3). Erweiterte Services wie Planning as a Service zur Steuerung gesamter Produktionslinien sowie des gesamten Product Life Cycle erfordern wesentliche IT-Kompetenzen, wofür keine Ressourcen zur Verfügung stehen. Die weitere Bewertung der Geschäftsmodell-Prototypen aus Investitionsfeld T1 soll nachfolgend erfolgen, da Technologieattraktivität für MaaS besteht. Für MaaS-Konzepte ist Ressourcenstärke vorhanden und eine Investitionsempfehlung kann somit gegeben werden.

4.3.2 Machbarkeit und Risikograd

Für die technologische Entwicklung *Modules as a Service* ist ein höherer Risikograd zu erwarten, da nach ingenieurmäßigen Gesichtspunkten komplexe Forschungsaufgaben erforderlich sind, um die Schnittstellen nach dem Referenzarchitekturmodell des VDI bei einer nicht geläufigen Technologie zu entwickeln. Es ist mit wesentlichen Investitionskosten zu rechnen. Im disruptiven Geschäftsmodell-Prototyp zur Technologie *Modules as a Service* ist davon auszugehen, dass die bisherige Wertekette des evolutionären Maschinenbaus in Abb. 3.9 unverändert bleibt. Der Risikograd für Modules as a Service lässt sich demnach auf Level-4 einstufen (vgl. Risikograd Abschn. 2.3.3.1).

Value as a Service wäre seitens des Maschinenbaus derzeit nicht realisierbar ohne entsprechende etablierte technologische Plattform seitens der Maschinenbaubranche. Zuerst müssen sich entsprechende Softwareprodukte am Markt etablieren, damit es möglich wird, zumindest auf Partnerplattformen entsprechende Services anzubieten. Der Risikograd für *Value as a Service* lässt sich demnach derzeit auf Level-6 einstufen. Dies wird jedoch nur so lange der Fall bleiben, bis die in diesem Kapitel vorgestellten Services (XaaS) auf frei zugänglichen Plattformen frei angeboten werden und sich somit ein offener Markt etabliert. Sind nach dem Referenzarchitekturmodell neue Industriestandards zur Kommunikation vereinheitlicht, verändert sich die bisherige Wertekette entsprechend revolutionär. Nicht nur die Verkettung der Unternehmensteile würde die bisher traditionelle Wertschöpfung bilden, sondern auch die einzelnen Unternehmensteile. Diese würden ihren Service anbieten und so eigene Geschäftseinheiten darstellen und unabhängig Gewinn generieren. Eine serviceorientierte Struktur verändert die bisherige Wertekette des traditionellen Maschinenbaus erheblich. In Abb. 4.11 ist die veränderte Service-oriented Architecture (SOA) des Maschinenbaus mit unterstützenden sowie primären Aktivitäten dargestellt. Diese Struktur ist notwendig, um die Service in IT-Systemen zu strukturieren und zu nutzen.

4.3.3 Ressourcen- und Kostenbedarf

Auf Grund des erheblichen Umsetzungsrisikos bei der Technologie *Value as a Service* mit entsprechenden erheblichen Aufwänden wird in nachfolgender Betrachtung nur die Tech-

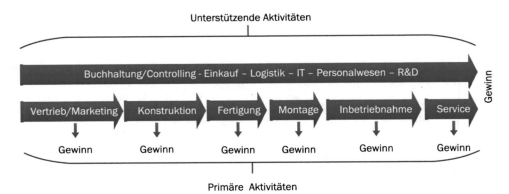

Abb. 4.11 Wertekette in Service-oriented Architecture (SOA) der disruptiven Geschäftsmodelle. (Eigene Darstellung)

nologie *Modules as a Service* weiter verfolgt. Die Umsetzung einer Modularisierung soll hierzu an einer Produktionsmaschine der Firma X erfolgen, um den Anforderungen des Marktes nachzukommen, zukünftig starre Softwaresysteme abzulösen und modularisierte Konzepte anzubieten. Die Modularisierung soll so erfolgen, dass die Maschinensteuerung nur den Teil der Sicherheitsfunktionen übernimmt (Überwachung der Not-Halt-Kreise, Lichtschranken-Schutzfeld, Zutrittsverhinderung, ... wird mit einer unabhängigen Sicherheitssteuerung realisiert), womit der Anlagenbauer in der Lage sein wird, die Konformitätserklärung nach Maschinenrichtlinie auszustellen. Der bisherige Teil des HMI zur Bauteilkonfiguration, Steuerung, Überwachung und Auswertung des Fertigungsproduktes soll nicht mehr zum Lieferumfang gehören und in Anlehnung an das Referenzarchitekturmodell des VDI per Schnittstelle optional hinzugefügt werden können.

Eine Produktionsmaschine der Firma X ist gekennzeichnet durch einen Roboterteil, der in eine Schutzumhausung integriert ist. Die Anlagenbedienung erfolgt über ein außen an der Schutzumhausung angebrachtes HMI. In bisherigen Konzepten ist es bereits möglich, zu fertigende Produkte auf Maschinen-Vorrichtungen[3] mit standardisierten mechanischen und elektrischen Schnittstellen individuell zu tauschen. Damit gliedert sich die Maschine als Modul in drei Einheiten: Vorrichtung mit dem zu fertigenden Produkt, Maschine und HMI. Das HMI und die Vorrichtung sollen im Konzept *Modules as a Service* als zusätzliche Option bestellbar sein, die Schnittstelle zur Vorrichtung soll standardmäßig mit angeboten werden.

In Abb. 4.12 wurden die Fixkosten für die einmalige Entwicklung der Schnittstelle sowie die Webkonfiguration für einen Anlagenkonfigurator ermittelt (Daten aus Tab. A.7). Hierzu zählen die Entwicklungskosten zur Konstruktion der Elektrik sowie die Programmierung einer Schnittstelle zwischen Maschine, HMI und Vorrichtung. Über den Webkonfigurator soll es möglich sein, den Anlagentyp mit entsprechenden Optionen auszuwählen

---

[3]Vorrichtungen dienen im Maschinenbau dazu, Werkstücke zu positionieren, ihre Lage zu halten und sie festzuspannen.

	Investitions- rechnung MaaS
Anschaffungskosten	48.171 €
Nutzungsdauer [Jahre]	5
Lineare Abschreibung	9.634 €
Kapitalkosten 6 % p.a.	1.445 €
Variable Kosten / Anlage (Entfall HMI)	-15.348 €
Kosten / Anlage	-213 €

	Amortisations- zeit MaaS
Erlöse / Jahr für 20 Anlagen	1.450.000 €
Lineare Abschreibung	-9.634 €
Kapitalkosten 6 % p.a.	-1.445 €
Variable Kosten / Anlage	0 €
Durchschnittlicher Gewinn / Jahr	1.438.921 €
Abschreibung	9.634 €
Durchschnittlicher Mittelrückfluss	1.448.555 €
Kapitaleinsatz	48.171 €
Amortisationszeit [Monate]	0,40

Abb. 4.12 Kalkulation Kostenbedarf *Modules as a Service* disruptive Geschäftsmodelle. (Eigene Darstellung)

und einen Bestellvorgang, vorerst ohne Anbindung an ein ERP-System, auszulösen. Die variablen Kosten bilden sich aus dem Entfallen des bisher gelieferten HMI sowie dem damit zusammenhängenden Inbetriebnahmeaufwand. Da je nach unterschiedlichem Produkttyp keine Plug-and-Play-Schnittstellen realisiert werden können, fallen ebenfalls zu jeder Inbetriebnahme weitere Schnittstellenprogrammierungen zur Implementierung der Softwarefunktionen zwischen Maschine, HMI und Vorrichtung an.

Unter der Annahme, dass die Technologie fünf Jahre verwendet werden kann, bis eine weitere Anpassung der Schnittstelle technologiebedingt erfolgt, entspricht diese der linearen Abschreibung. Durch den Wegfall des bisherigen HMI kompensieren sich die Investitionskosten beim Verkauf von jährlich ca. 20 Anlagen[4] annähernd. Es ist jedoch davon auszugehen, dass die Investitionskosten bei gleichzeitigem Wegfall einer Technologie, hier des HMI, nicht auf den Kunden umgelegt werden können, da dieser bei weniger Lieferumfang nicht bereit wäre, einen gleichbleibenden Anlagenpreis zu zahlen (Verhandlungsmacht von Abnehmern). Die Amortisationszeit beträgt beim Verkauf von jährlich ca. 20 Anlagen weniger als einen Monat.

Als Ressource zur Umsetzung der Technologie *Modules as a Service* können die eigene R&D- oder Konstruktionsabteilung genutzt werden, jedoch sind weitere IT-Kompetenzen erforderlich, die ein Outsourcing von Arbeitspaketen erfordern. Die Finanzierung erfolgt,

---

[4]Angaben des Unternehmens X.

wie in evolutionären Geschäftsmodellen, über die Innenfinanzierung aus Selbstfinanzierung bzw. Eigenfinanzierung aus Gewinnen, Finanzierung aus Abschreibungen oder Finanzierung aus Vermögensumschichtung. Zur Umsetzung disruptiver Geschäftsmodelle sind in den nächsten Jahren technologisch bedingt höhere Investitionen erforderlich, um den Anforderungen der vierten industriellen Revolution gerecht zu werden. Hierzu können Förderprogramme die begrenzte Möglichkeit von Eigen- sowie Fremdfinanzierungen im Mittelstand kompensieren. Die Bayerische Landesanstalt für Aufbaufinanzierung (LfA), das Bundesministerium für Wirtschaft und Technologie (BMWi), das Zentrale Innovationsprogramm Mittelstand (ZIM) oder auch die Kreditanstalt für Wiederaufbau (KfW) unterstützen hierbei Unternehmen bei der Finanzierung [6].

4.3.4 Time-to-Market

Je mehr Anbieter Marktchancen in einem neu geschaffenen Markt sehen und es Potenzial zur Substitution gibt, desto stärker wird der Wettbewerb um Marktanteile. Das gilt sowohl für evolutionäre Geschäftsmodelle wie auch für disruptive Geschäftsmodelle. Das Potenzial zur Substitution ist auf Grund der noch fehlenden Industriestandards zur vierten industriellen Revolution stark begrenzt. Wie in Abschn. 4.2.6.2 ‚Technologische Basis und Reifegrad' festgestellt gibt es keinen bestehenden Industriestandard zur Realisierung einer Serviceorientierung und standardisierten Modularisierung, was den Wettbewerb seitens der IT und anderer Unternehmen verhindert.

Für evolutionäre Geschäftsmodelle gelten die gleichen Bedingungen wie für disruptive Geschäftsmodelle. Erste standardisierte Modelle zu Kommunikationsschnittstellen werden erst in den nächsten Jahren zu erwarten sein, was den Markteintritt durch Wettbewerber und die IT erleichtern wird. Jedoch wird nach dem VDI die zur Kommunikation notwendigen Semantik erst nach Festlegung standardisierter Kommunikationsschnittstellen definiert sein [11] (vgl. *Modules as a Service* Abschn. 4.2.3). Bis dahin wird der Maschinenbau mit seinen technologisch hoch entwickelten Produkten in seiner sehr engen Nische verweilen können. Die angenommenen fünf Jahre Amortisationszeit zum Produkt *Modules as a Service* sind demnach realistisch. Mit der Ausrichtung auf die vierte industrielle Revolution stehen sinkende Margen in Aussicht, da wie im Technologiekonzept *Modules as a Service* dargestellt, schlanke Maschinenkonfigurationen entstehen und Teilbereiche entfallen, die der Maschinenbau bisher lieferte. Die Verhandlungsmacht von Abnehmern spielt hier eine wesentliche Rolle.

Die Entwicklungszeit für das *Modules-as-a-Service*-Konzept liegt bei ca. 10–12 Wochen (vgl. Kalkulation der Entwicklung Tab. A.7). Die entsprechende Zeit bei Time-to-Market wird bei ca. 3–4 Monaten liegen.

Der Schutz durch ein Patent für das *Modules-as-a-Service*-Konzept wird nicht möglich sein, denn nach § 4 Patentgesetz (PatG) liegt die Erfindungshöhe nur vor, wenn die Leistung sich „nicht in naheliegender Weise aus dem Stand der Technik ergibt oder es sich nicht um eine einfache Weiterentwicklung des Bestehenden handelt" [6]. Zur technologischen Basis und des Reifegrades des *Modules-as-a-Service*-Konzepts, wie es in

Abschn. 4.3.3 entwickelt wurde, liegt die Erfindungshöhe eher in der Schnittstelle. Diese ist aber bereits vom VDI definiert, daher wird es nicht möglich sein, ein weiteres Patent hierfür zu sichern.

Eine Investitionsempfehlung für den in diesem Kapitel getroffenen Geschäftsmodell-Prototyp *Modules as a Service* ist auf Grund der kurzen Amortisationsdauer somit auszusprechen.

4.4   Veränderung

Serviceorientierte Modelle stellen Herausforderungen in der Umsetzung für etablierte Unternehmen dar. Bestehende Produkte, Geschäftsmodelle und Geschäftsfelder werden in der Branche revolutionären Veränderungen ausgesetzt sein, die zu einer Veränderung der bisherigen Wertschöpfungskette und wirtschaftlichen Destabilisierungen in den Unternehmen führen können. Um den Herausforderungen gerecht zu werden, müssen Unternehmen Handlungsstrategien für die Sicherung der Produkt-Markt-Aktivitäten entwickeln, um auch zukünftig Erfolg und Stabilität zu gewährleisten [13].

In disruptiven Geschäftsmodellen mit Serviceorientierung ändert sich die Wertekette des Maschinenbaus auf Grundlage der Modularisierung grundlegend (vgl. Wertekette in Service-oriented Architecture Abb. 4.11). Auf Grund der Service-oriented Architecture (SOA) wandelt sich die bisherige Automatisierungspyramide mit ihrer Top-Down-Struktur hin zu einer frei mit einem Service-Bus verknüpften einzelnen Einheit, um das Konzept der Selbstoptimierung und Selbstkonfiguration zu ermöglichen (vgl. Automatisierungspyramide Abb. 3.2). Abb. 4.13 zeigt die Verknüpfung der einzelnen Services am Enterprise-Service-Bus. Der Enterprise-Service-Bus (ESB) entspricht einer gängigen Netzwerkarchitektur in der Informationstechnik (IT) zur Verknüpfung verteilter Dienste in der Anwendungslandschaft eines Unternehmens [1].

Die Umsetzung solcher disruptiven Geschäftsmodelle wird die schwierigste Herausforderung sein, da bei radikalen Änderungen innerhalb von Firmen mit internen und externen Widerständen durch den Veränderungsprozess zu rechnen ist. Durch die Änderung der Arbeitsaufgaben weg von mechanischen und ausführenden Aufgaben hin zu überwachenden und analytischen Tätigkeiten verändern sich die Anforderun-

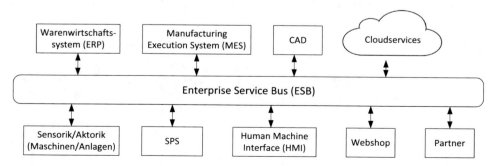

Abb. 4.13 Aufgelöste Automatisierungspyramide disruptiver Geschäftsmodelle. (Eigene Darstellung)

gen an die Arbeitsplätze. Unter Berücksichtigung des demografischen Wandels müssen Weiterbildungsmaßnahmen initiiert werden, um den Beschäftigten die Angst vor der neuen Technik zu nehmen und sie auf neue Aufgaben vorzubereiten. Die Qualifizierung für die Beschäftigten steigt in serviceorientierten Geschäftsmodellen gegenüber bewährten evolutionären Modellen deutlich. Das kann bei einem weiteren steigenden Fachkräftemangel zu Problemen für die Unternehmen führen [10]. Zur Umsetzung werden demnach Change-Management-Konzepte erforderlich sein, die praktikable Umsetzungskonzepte erarbeiten und diese dann implementieren. Change-Management erfordert eine überaus hohe Kommunikation und Beteiligung der Betroffenen durch Ausbildung und Qualifizierung [8].

Zur Ableitung mittelfristiger Ziele und Maßnahmen für die Umsetzung des *Modules-as-a-Service*-Konzepts sollen anhand der Strategy Map Beziehungen zur späteren Nutzung einer Balanced Scorecard dargestellt werden. Abb. 4.14 zeigt die Strategy Map als

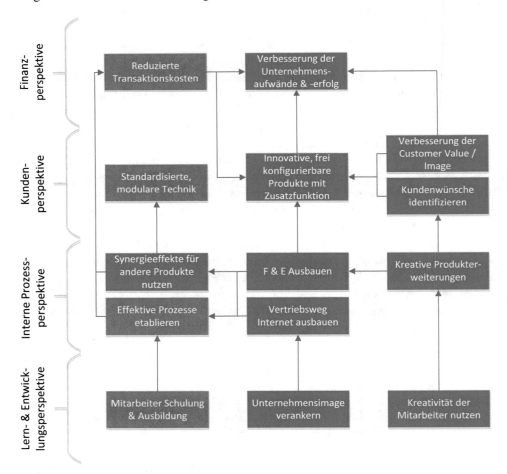

Abb. 4.14 Strategy Map für Modules as a Service als Ausgangspunkt der BSC. (Nach Quelle [12])

Umsetzungsgrundlage für die Balanced Scorecard. Aus der Strategy Map geht erkennbar hervor, dass in disruptiven Geschäftsmodellen auf Grund der Modularisierung und der Möglichkeiten der Selbstoptimierung und Selbstkonfiguration bessere Transaktionskosten als in evolutionärer Form erzielt werden können (vgl. Institutionenökonomik in Abschn. 2.3.2).

4.5 Anpassung

Für disruptive Geschäftsmodelle der vierten industriellen Revolution ist davon auszugehen, dass je nach voranschreitender technologischer Entwicklung die Zyklen zur Anpassung kürzer und öfter ausfallen werden als in evolutionärer Weise. Können in den kommenden Jahren erfolgreich mehr Schnittstellen standardisiert werden, verändern sich die Marktverhältnisse entsprechend und es ist eine Anpassung der bisherigen Geschäftsmodelle erforderlich. Mit den Veränderungen besteht auch die höhere Wahrscheinlichkeit für die Durchdringung und Schaffung neuer Möglichkeiten für disruptive Geschäftsmodelle.

Literatur

1. BEDENBENDER, Heinz: RAMI4.0: Referenzarchitekturmodell Industrie 4.0. https://blog.vdi.de/2016/03/5-thesen-zu-rami4-0/. Version: 2016
2. BITKOM: Big Data und Geschäftsmodell-Innovationen in der Praxis: 40+ Beispiele: Leitfaden. Berlin: Bundesverband Informationswirtschaft, Telekommunikation und neue Medien e.V., 2015
3. BUNDESMINISTERIUM FÜR BILDUNG UND FORSCHUNG (Hrsg.): Industrie 4.0 Innovationen für die Produktion von morgen. https://www.bmbf.de/pub/Industrie_4.0.pdf. Version: 2015
4. CHRISTENSEN, Clayton M.: The innovator's dilemma: When new technologies cause great firms to fail. Boston: arvard Business Review Press, 2016. – ISBN 978–1633691780
5. GRIMM, Reinhard: Portfoliomanagement in Unternehmen: Leitfaden für Manager und Investoren. s.l.: Springer Fachmedien Wiesbaden, 2014 http://lib.myilibrary.com/detail.asp?id=598900. – ISBN 978–3–658–00259–6
6. KASCHNY, Martin ; NOLDEN, Matthias ; SCHREUDER, Siegfried: Innovationsmanagement im Mittelstand: Strategien, Implementierung, Praxisbeispiele. Wiesbaden: Springer Gabler, 2015 http://search.ebscohost.com/login.aspx?direct=true&scope=site&db=nlebk&AN=999293. – ISBN 978–3–658–02544–1
7. NIEMANN, Frank ; FLUG, Melanie ; PIERRE AUDOIN CONSULTANTS (PAC) GROUPE SA (Hrsg.): Innovation Register: Internet of Things I Germany I 2016. www.pac-online.de. Version: 2016
8. STOLZENBERG, Kerstin ; HEBERLE, Krischan: Change Management: Veränderungsprozesse erfolgreich gestalten – Mitarbeiter mobilisieren. Vision, Kommunikation, Beteiligung, Qualifizierung. 3., überarb. Aufl. 2013. Berlin, Heidelberg: Springer, 2013. https://doi.org/10.1007/978-3-642-30106-3. – ISBN 978–3–642–30105–6
9. STATISTA GMBH: Statistiken zum Maschinenbau in Deutschland. http://de.statista.com, 2016

10. TAPHORN, Christoph ; WOLTER, Denise ; DR. JÜRGEN BISCHOFF (Hrsg.): Studie: Erschlie-ßen der Potenziale der Anwendung von „Industrie 4.0" im Mittelstand. http://www.agiplan.de/fileadmin/pdf_dokumente/Studie_Industrie_40_BMWi_gesamt.pdf. Version: 2015

11. VDI VERLAG GMBH: VDI Nachrichten: Technik Wirtschaft Gesellschaft: Digitalisierung. In: VDI Nachrichten 2016, Nr. 10/11/12. http://www.vdi-nachrichten.com/

12. WELGE, Martin K. ; AL-LAHAM, Andreas: Strategisches Management: Grundlagen – Pro-zess – Implementierung. 6., aktualisierte Aufl. Wiesbaden: Springer Gabler, 2012 (Lehrbuch). – ISBN 9783834924766

13. WENDT, Susanne: Strategisches Portfoliomanagement in dynamischen Technologiemärk-ten: Entwicklung einer Portfoliomanagement-Konzeption für TIME Unternehmen: Univ., Diss. – Bamberg, 2012. Wiesbaden: Gabler Verlag, 2013 (Unternehmensführung & Controlling). https://doi.org/10.1007/978-3-8349-4273-9. – ISBN 978–3–8349–4272–2

14. WIESELHUBER und PARTNER GMBH: Geschäftsmodell-Innovation durch Industrie 4.0: Chancen und Risiken für den Maschinen- und Anlagenbau. 2015

Interpretation der Ergebnisse

Zusammenfassung

Evolutionäre und disruptive Geschäftsmodelle bieten dem Maschinen- und Anlagenbau Potentiale für eine Optimierung der Unternehmensprozesse und der Generierung neuer Erlösquellen. Dabei treffen besonders Maschinenbauunternehmen auf neue Herausforderungen, beispielsweise der Know-How Lücke von erweiterten IT-Kenntnissen zur Durchführung einer übergeordneten Maschinenvernetzung. Eine Anforderung die bisher noch nicht bestand und ein Produktportfolio das er bisher nicht lieferte.

Bei Geschäftsmodellerneuerung muss der Maschinen- und Anlagenbau je nach technologischem Stand in evolutionärer oder radikaler Weise Konzepte der vierten industriellen Revolution kontinuierlich implementieren. Um diesen Herausforderungen gerecht zu werden und zukünftig den Unternehmenserfolg zu sichern, müssen Maschinenbauunternehmen Handlungsstrategien auf Basis der Anforderungen der vierten industriellen Revolution zur Sicherung und die Gestaltung ihrer Produkt-Markt-Aktivitäten entwickeln.

5.1 Evolutionäre Geschäftsmodelle

Aus Studien und Umfragen zu evolutionären Geschäftsmodellen geht hervor, dass bereits alle Unternehmen, von kleinen bis zu großen, ihre Produkte digitalisieren. Dies erfolgt aus marktorientierter Betrachtung, um einen weiteren Mehrwert durch Datenerfassung und -verarbeitung für den Abnehmer zu liefern, und aus ressourcenorientierter Betrachtung, um mit den gewonnenen Daten die Produkte und Produktionsanlagen zu generieren, die Produktion und die eigene Wertschöpfungskette effizienter zu gestalten, um Transferkosten zu

© Springer Fachmedien Wiesbaden GmbH, ein Teil von Springer Nature 2018
H.-J. Born, *Geschäftsmodell-Innovation im Zeitalter der vierten industriellen Revolution*, https://doi.org/10.1007/978-3-658-21171-4_5

minimieren. Digitalisierte Produkte können schnell realisiert werden, da notwendige Technologien zur Umsetzung am Markt zur Verfügung stehen. Die Digitalisierung der Produkte erfolgt überwiegend im Technology-Push.

Die übergeordnete, horizontale Vernetzung des Product-Life-Cycle stand bisher nicht im Fokus des Maschinenbaus, da einerseits die Anforderungen bisher noch nicht bestanden und andererseits bisher eine Zurückhaltung bei der Weitergabe von Daten in die Cloud existierte. Design-, Logistik- und Analytikprogramme sowie ERP-Systeme für kleinere Maschinenbauunternehmen aus der Cloud werden sich weiter durchsetzen und so die vertikale und horizontale Vernetzung der Unternehmensprozesse fördern. Cyber-physische Systeme werden vorrangig von mittleren bis größeren Maschinenbauunternehmen umgesetzt, wobei die Verbindung in Cloud-Umgebungen kaum umgesetzt wurde und Daten eher firmenintern verarbeitet werden. Diese Zusatzprodukte zur Vernetzung der Produkte werden dem evolutionären Maschinenbau neue Umsatzpotenziale erschließen.

Schnittstellen zur Kommunikation in vertikaler und horizontaler Richtung basieren bisher auf keinem Industriestandard. Damit ergeben sich für den Maschinenbau keine bzw. kaum Bedrohungen durch Konkurrenten und Ersatzprodukten. Der Maschinenbau kann somit sein technologisch hoch entwickeltes Produkt weiterhin in einer sehr engen Marktnische positionieren.

Die politische Unterstützung, die technologische Basis, der Reifegrad und die Rechtssicherheit sind für Technologien der evolutionären Geschäftsmodelle gegeben. Es ist daher davon auszugehen, dass sich diese Technologien über die nächsten Jahre rasant in evolutionärer Weise weiterentwickeln und IT-Lösungen weiter in den Bereich des Maschinenbaus eindringen werden.

Anhand der Auswertung zur Marktattraktivität und Wettbewerbsstärke zur Technologie Cyber-physischer Systeme ergab sich für die Beispielfirma X eine Investitionsempfehlung für die Technologie des Predictive-Maintenance-Konzeptes. Zur Umsetzung müssen jedoch erst Kompetenzen in der Firma in diesem Bereich aufgebaut werden. Der Risikograd bei dieser Art von Technologien als evolutionäres Geschäftsmodell wurde unter ingenieurmäßigen Gesichtspunkten als relativ klein eingeschätzt. Generell lässt sich sagen, dass der Ressourcen- und Kostenbedarf für evolutionäre Geschäftsmodelle verhältnismäßig gering ausfällt. Dass bestätigten zum einen die berechnete kurze Amortisationsdauer für das Predictive-Maintenance-Konzept sowie die Tatsache, dass die bisherige Wertschöpfungskette im Maschinenbau erhalten bleibt und keine Anstrengungen zu Umstrukturierungen vorgenommen werden müssen.

Dieses Zusatzangebot an Cyber-physischen Systemen wird vorrangig in Kooperationen und Partnerschaften mit Partnerunternehmen der IT-Branche realisiert werden können, da die Kompetenzen zur Umsetzung eher auf der Seite von IT-Unternehmen liegen und diese einen wesentlichen Vorsprung gegenüber dem Maschinenbau besitzen und über Kernkompetenzen verfügen, um Daten auszuwerten und Wissen zu generieren. Um Konzepte für Cyber-physische Systeme im Maschinen- und Anlagenbau zu implementieren, müssen Kenntnisse auf dem Gebiet der IT durch Personalentwicklung und -schulung weiter aufgebaut werden.

5.2 Disruptive Geschäftsmodelle

Die Kostensenkung innerhalb der Geschäftsprozesse, Effizienzsteigerung und höhere Produktivität sowie die Umsatzsteigerung und der Gewinn von Marktanteilen stehen im Fokus der disruptiven Geschäftsmodelle.

Die Dezentralisierung der Unternehmenssteuerung und die Ausprägung einer Serviceorientierung, welche die eigentlichen Potenziale der vierten industriellen Revolution darstellen, sind im Anlagen- und Maschinenbau bisher geringfügig umgesetzt. Serviceorientierte Systeme nach dem Prinzip *Value as a Service* umzusetzen, ist mit hohen Anschaffungskosten und hohen Kosten zur Systempflege und Wartung verbunden. Auf Grund der noch geringen Verfügbarkeit solcher Systeme ist die Rentabilität daher bisher nicht gegeben. Jedoch gehen Studien davon aus, dass zukünftig monolithische Softwarearchitekturen von serviceorientierten Architekturen abgelöst werden, um die Vision der vierten industriellen Revolution, der Selbstorganisation und Selbstverwaltung vollständig zu verwirklichen.

Aus Sicht von befragten Unternehmen werden in Zukunft starre Systeme von flexiblen, modularisierten Systemen abgelöst werden. Die Ergebnisse decken sich mit der Studie des Fraunhofer Instituts IPA. Das bedeutet für den Maschinen- und Anlagenbauer, dass er sich bei der Modularisierung nur noch über die reine Maschinenhardware differenzieren kann. Denn durch die Übernahme der IT von Softwarefunktionalitäten ginge die Verwendbarkeit der Maschine ohne Software für den Maschinen- und Anlagenbauer verloren. Damit besteht die Gefahr für den Maschinen- und Anlagenbauer dann darin, den Kunden als direkten Handelspartner zu verlieren und dadurch letztendlich seine bisherige Wettbewerbsfähigkeit und Marktmacht zu verlieren. Die Ergebnisse zur technologischen Basis und zum Reifegrad ergaben jedoch derzeit fehlende Industriestandards zu Schnittstellen, was den Markteintritt des Wettbewerbs und der IT bisher wesentlich erschwert und verhindert. Erst mit der Weiterentwicklung des Referenzarchitekturmodells und dieser Struktur und der Vereinheitlichung der notwendigen Semantik und nachfolgender Etablierung serviceorientierter Geschäftsmodelle wird sich die bisherige Wertekette des Maschinenbaus radikal verändern. Bis dahin wird der Maschinenbau mit seinem technologisch hoch entwickelten Produkt in seiner sehr engen Marktnische verweilen können. Mit der Ausrichtung auf die vierte industrielle Revolution stehen sinkende Margen in Aussicht, da wie im Technologiekonzept *Modules as a Service* dargestellt, schlanke Maschinenkonfigurationen entstehen und Teilbereiche entfallen, die der Maschinenbau bisher lieferte. Bietet dann das Maschinenbauunternehmen kein wesentliches Alleinstellungsmerkmal, kann es im Umfeld der Modularisierung kaum bestehen. Serviceorientierte Technologien bieten im Gegensatz zu evolutionären Geschäftsmodellen wesentliche Potenziale in Richtung Institutionenökonomik, da hier durch optimale Ausgestaltung der Koordinationsform ein Maximum an reduzierten Transaktionskosten erzielt werden kann. Disruptive Geschäftsmodelle sind auf der Grundlage der bisherigen technologischen Basis und des Reifegrads nur schwer realisierbar.

Die Technologie *Modules as a Service* wurde dennoch aufgegriffen, um dem in der Umfrage festgestellten Bedarf zur Modularisierung nachzukommen und weil Marktattraktivität und Wettbewerbsstärke vorhanden sind. Trotz bestehender Umsetzungsrisiken besteht bei dieser Technologie ein überschaubarer Ressourcen- und Kostenbedarf und sie ist ebenfalls wie im evolutionären Geschäftsmodell mit kurzer Amortisationsdauer umzusetzen.

Zusammenfassung

6

Zusammenfassung

Der technologische Fortschritt zur vierten industriellen Revolution wird der wesentliche Treiber der wirtschaftlichen Entwicklungen im Maschinen- und Anlagenbau in den nächsten Jahren sein. Unter dem Begriff der „vierten industriellen Revolution" sind vielfältige Gestaltungsmöglichkeiten denkbar, sowohl evolutionäre als auch disruptive. Entscheidende Veränderungen wird es dabei in der Vernetzung von Produkten und in der Modularisierung geben. Diese Studie zeigt zwei Wege der Innovationsstrategie zur Positionierung, die evolutionären Geschäftsmodelle und die disruptiven Geschäftsmodelle. Auch eine schrittweise Innovationsstrategie wäre denkbar, die je nach technologischem Fortschritt der vierten industriellen Revolution erst evolutionär und dann disruptiv wäre.

Die übergreifende Zielsetzung der Studie lag in der Untersuchung des Umsetzungsstandes der vierten industriellen Revolution für den Maschinen- und Anlagenbau und in der Entwicklung von möglichen Geschäftsmodellen, die dem jeweiligen technologischen Stand der Technik der vierten industriellen Revolution entsprechen.

Die Studie erläutert die vier Revolutionen der Industrie, vermittelt die Grundlagen des Innovationsmanagements und ordnet diese in das übergeordnete Konzept des strategischen Managements ein. Technologische Kompetenzen erweisen sich heute im Bereich des Maschinen- und Anlagenbaus als ein entscheidender Wettbewerbsfaktor. Ein funktionierendes Innovationsmanagement ist deshalb, wie in Abschn. 2.2.2 dargestellt, als eine wichtige Managementaufgabe und Erfolgsfaktor für das Unternehmen zu betrachten. Das Portfoliomanagement wird als ein wesentliches Werkzeug zur Gestaltung zukünftiger Produkt-Markt-Aktivitäten von Unternehmen eingeordnet. Dieses wurde in der Studie zur Investitionsentscheidung hinsichtlich geeigneter Produkt-Markt-Aktivitäten für ein Beispielunternehmen aus dem Maschinen- und Anlagenbau genutzt, wobei die Zielsetzung in

© Springer Fachmedien Wiesbaden GmbH, ein Teil von Springer Nature 2018
H.-J. Born, *Geschäftsmodell-Innovation im Zeitalter der vierten industriellen Revolution*, https://doi.org/10.1007/978-3-658-21171-4_6

der langfristigen Sicherung des Unternehmenserfolgs durch eine Risikominimierung für die getroffenen Investitionsempfehlungen bestand.

Im dritten Kapitel der evolutionären Geschäftsmodelle wird davon ausgegangen, dass die Weiterentwicklung des Standes der Technik im Maschinen- und Anlagenbau zur vierten industriellen Revolution in evolutionärer Weise kontinuierlich erfolgt. Die Makro- und Mikro-Umweltanalyse ergab, dass für die drei gewählten Technologien, Datenerfassung und -verarbeitung, Cyber-physische Systeme und Cloud-Computing die technologische Basis, der Reifegrad, die Rechtssicherheit und die politische Unterstützung zur Umsetzung gegeben sind. Für den Maschinenbau ergeben sich durch den fehlenden Wettbewerb in der Branche keine bzw. kaum Bedrohungen durch Konkurrenten und Ersatzprodukte. Auf Grund der fehlenden Industriestandards zu Schnittstellen in Cloud-Umgebungen und Cyber-physischen Systemen ist der Wettbewerb nicht gegeben. Die Machbarkeit und der Risikograd wurden unter ingenieurmäßigen Gesichtspunkten zum heutigen Stand der Technik als realisierbar eingeschätzt. Am Beispiel der Predictive-Maintenance-Technologie wurde für das Beispielunternehmen ein neues Konzept für Wartungsverträge entwickelt. Im Predictive-Maintenance-Konzept findet je nach Nutzerverhalten eine Wartung erst statt, wenn diese auch gebraucht wird. Daraus ergeben sich Aufwandseinsparungen für das Unternehmen und Einsparungen für den Endkunden gegenüber herkömmlichen Wartungsverträgen. Für das Predictive-Maintenance-Konzept konnte gegenüber dem herkömmlichen Wartungsvertrag eine Kostenersparnis von 40 % – bei gleichzeitiger Laufzeitverlängerung um das Dreifache – erzielt werden. Die Amortisationsdauer lag für dieses Konzept unter der Annahme gleichbleibender verkaufter Stückzahlen lediglich bei ca. fünf Monaten. Nach dem VDI ist zu erwarten, dass erst in den kommenden Jahren die notwendige Semantik für standardisierte Kommunikationsschnittstellen vorhanden ist, die einem Industriestandard entspricht. Bis dahin kann sich das Beispielunternehmen mit seinen technologisch hoch entwickelten Produkten in Verbindung mit dem Predictive-Maintenance-Konzept weiterhin in einer sehr engen Marktnische positionieren. Auf Grund der kurzen Time-to-Market-Zeit von ca. 2–3 Monaten wurde eine Investitionsempfehlung ausgesprochen. Der Schutz durch ein Patent für das Predictive-Maintenance-Konzept wird nicht möglich sein, da das Konzept dem Stand der Technik entspricht und damit keine Erfindungshöhe vorliegt. Mögliche Patentgebühren für ein bereits existierendes Patent wurden in der Kalkulation als Risikowert berücksichtigt. Im Kapitel zur Strategieimplementierung wurde ermittelt, dass Lern- und Fortbildungsbedarf auf dem Gebiet der IT für das Beispielunternehmen besteht. Die übergeordnete Vernetzung des Product-Life-Cycle erfordert IT-Kompetenzen, die ein Maschinenbauunternehmen bisher nicht lieferte. Zur Ableitung weiterer mittelfristiger Ziele und Maßnahmen als Vorlage für eine Balanced Scorecard wurde eine Strategy Map entwickelt. Diese veranschaulicht, dass die Institutionenökonomik bzgl. der Transferkosten mit evolutionären Geschäftsmodellen weiter optimiert werden kann.

Im vierten Kapitel wurde die Möglichkeit für disruptive Geschäftsmodelle untersucht. Es wurde davon ausgegangen, dass sich auf Grund der technologischen Möglichkeiten der vierten industriellen Revolution die Branchenentwicklung des Maschinen- und Anlagenbaus radikal ändert, proprietäre Konzepte aufgebrochen und offene Konzepte entwickelt werden, welche disruptive Wirkung entfalten. Da die vierte industrielle Revolution durch die Dezentralisierung und Serviceorientierung bestimmt ist, wurden Service-Konzepte wie *Value as a Service* (VaaS), *Modules as a Service* (MaaS) und *Planning as a Service* (PaaS) untersucht. Die Makro- und Mikro-Umweltanalyse ergab hierzu, dass die politische Unterstützung und die Rechtssicherheit zwar gegeben sind, die technologische Basis und der Reifegrad der serviceorientierten Technologien sich jedoch in der Entwicklungsphase befinden und ihre Rentabilität bisher nicht gegeben ist. Bisherige ERP-Systeme unterstützen diese Funktionalität nur geringfügig, da sie zum einen für eine Top-Down-Struktur ausgelegt sind und zum anderen die Anbindung an Partnernetzwerke über eine standardisierte Schnittstelle fehlt, um eine dezentralisierte Servicestruktur zu realisieren. In disruptiven Geschäftsmodellen ist daher auf Grund der fehlenden Industriestandards zu Schnittstellen eine Serviceorientierung nur begrenzt realisierbar. Die disruptive Entwicklung von Geschäftsmodellen ist daher nicht gegeben. Aus Sicht von befragten Unternehmen werden in Zukunft starre Softwaresysteme von flexiblen Hard- und Softwaresystemen abgelöst. Auf dieser Grundlage wurde für die Technologie *Modules as a Service* (MaaS) auf Grund des noch fehlenden Wettbewerbs und der geringen Bedrohungen durch Konkurrenten und Ersatzprodukte ein neues modulares Maschinenkonzept für das Beispielunternehmen entwickelt. Bei diesem Konzept beträgt die Amortisationszeit beim Verkauf von jährlich ca. 20 Anlagen weniger als einen Monat. Auch im disruptiven Geschäftsmodell ist davon auszugehen, dass sich erst in den nächsten Jahren die notwendige Semantik für ein Schnittstellen-Architekturmodell am Markt etablieren wird. Erst mit standardisierten Kommunikationsstandards wird es dem Wettbewerb ermöglicht, tiefer in den bisherigen Nischenbereich des Maschinenbaus einzudringen und softwarebasierte Produkte als mögliche Module einzubringen. Die Time-to-Market liegt beim Konzept *Modules as a Service* bei ca. 3–4 Monaten, weshalb eine Investitionsempfehlung ausgesprochen wurde. Für die Implementierung serviceorientierter Geschäftsmodelle wurde ermittelt, dass sich auf Grund der serviceorientierten Struktur die Wertekette des Maschinenbaus und klassische Strukturen wie die Automatisierungspyramide radikal ändern. Für diese radikale Änderung der traditionellen Wertschöpfung werden Change-Management-Konzepte erforderlich sein, die praktikable Umsetzungskonzepte erarbeiten und diese dann implementieren. Zur Umsetzung disruptiver Geschäftsmodelle sind in den nächsten Jahren technologisch bedingt höhere Investitionen erforderlich, um den Anforderungen der vierten industriellen Revolution nachzukommen. Die Strategy Map zur Implementierung serviceorientierter Geschäftsmodelle zeigte, dass die Institutionenökonomik bzgl. der Transferkosten durch Modularisierung noch besser optimiert werden kann als in evolutionären Geschäftsmodellen.

Tab. A.1 Marktattraktivitäts- und Wettbewerbsstärken-Matrix für Cyber-physische Systeme. (Eigene Darstellung)

		ungünstig			Sehr günstig		
	Gewichte	0-20	20-40	40-60	60-80	80-100	Gewichtet
Wettbewerbsverhalten der am Markt etablierten Unternehmen	25%					80%	20
Bedrohung durch Konkurrenten	10%	10%					1
Verhandlungsstärke der Abnehmer	15%					100%	15
Verhandlungsstärke der Lieferanten	5%					100%	5
Bedrohung durch Substitutionsprodukte	10%	10%					1
Marktfaktoren	15%				80%		12
Rechtliche Rahmenbedingungen	10%					100%	10
Technologische Faktoren	10%			50%			5
Marktattraktivität	100%						69
		Bewertung					
	Gewichte	0-100					Gewichtet
Marktpräsenz	25%	100%					25%
Produkt/Dienstleistung	30%	100%					30%
Softwareentwicklung	10%	10%					1%
F&E Potential	30%	80%					24%
Organisation	5%	90%					5%
Wettbewerbsvorteile	100%						84,5

© Springer Fachmedien Wiesbaden GmbH, ein Teil von Springer Nature 2018
H.-J. Born, *Geschäftsmodell-Innovation im Zeitalter der vierten industriellen Revolution*, https://doi.org/10.1007/978-3-658-21171-4

Tab. A.2 Kompetenz-Portfolio der Firma X. (Eigene Darstellung)

Rel. Kundenwert (externe Sicht) [0-100 %]	Gewichtung	Vertrieb/Marketing	Konstruktion	Steuerungstechnik	Cloud-Datenverarbeitung	Fertigung	Montage	Inbetriebnahme	Service	Buchhaltung	Controlling	Logistik	IT EDV	Personalwesen	Digitalisierte Produkte	CPS
Innovationspotenzial	0,25	100	100	100	100	80	80	100	100	10	10	35	10	10	100	100
Kostensenkungspotenzial	0,2	30	70	70	70	50	50	65	30	10	10	30	10	10	65	30
Verwendungshäufigkeit	0,05	100	100	100	100	100	100	100	100	10	10	5	10	10	100	100
Kundenorientierung	0,2	100	100	100	100	100	100	100	100	10	20	5	20	20	100	100
Dauerhaftigkeit	0,1	90	100	100	100	30	30	50	90	20	5	5	5	5	50	50
Transferierbarkeit	0,1	50	60	60	60	10	10	10	50	5	5	60	5	5	10	10
Maschinenbau Kenntnisse	0,1	100	100	100	100	10	10	10	100	5	5	0	5	5	10	100
	1	80	90	90	90	60	60	70	80	10	10	22,5	10	10	70	80

Kompetenzstärke (interne Sicht) [0-100 %]	Gewichtung	Vertrieb/Marketing	Konstruktion	Steuerungstechnik	Cloud-Datenverarbeitung	Fertigung	Montage	Inbetriebnahme	Service	Buchhaltung	Controlling	Logistik	IT EDV	Personalwesen	Digitalisierte Produkte	CPS
Innovationspotenzial	0,25	100	100	80	10	10	100	100	100	30	50	5	10	5	60	10
Kostensenkungspotenzial	0,2	30	70	50	10	10	50	30	70	40	40	50	10	50	30	30
Verwendungshäufigkeit	0,05	100	100	100	10	10	100	90	100	100	100	5	10	5	5	10
Kundenorientierung	0,2	100	100	100	10	10	60	60	100	10	40	5	20	5	5	10
Dauerhaftigkeit	0,1	90	100	30	20	20	30	20	100	20	80	20	20	20	5	20
Transferierbarkeit	0,1	50	60	10	100	100	10	90	60	50	5	60	80	60	5	5
Maschinenbau Kenntnisse	0,1	100	100	10	10	10	10	90	60	5	5	0	5	0	60	5
	1	80	90	60	20	20	60	66,5	90	30	40	19	10	19	29,25	10

Tab. A.3 Technologie-Portfolio der Firma X für evolutionäre Geschäftsmodelle. (Eigene Darstellung)

Technologieattraktivität [0-100 %]	Gewichtung	Cloud Computing	Digitalisierte Produkte	CPS
Technologiepotenzial	0,5	100	100	100
Technologiebedarfsrelevanz	0,5	80	70	80
		90	85	90
Ressourcenstärke [0-100 %]	Gewichtung	Value as a Service (VaaS)	Modules as a Service (MaaS)	Planning as a Service
Finanzstärke	0,4	40	80	10
Know-How-Stärke	0,6	50	70	10
		45	74	10

Tab. A.4 Kalkulation des Kostenbedarfs des Predictive Maintenance evolutionärer Geschäftsmodelle. (Eigene Darstellung)

Abteilung	PL (Std. Plan)	Km (Std. Plan)	Ke (Std. Plan)	Mm (Std. Plan)	Me (Std. Plan)	SPS (Std. Plan)	IB (Std. Plan)	Dok (Std. Plan)	QS (Std. Plan)	IB vor Ort (Std. Plan)	Summe Fertigungseinzelkosten	Material	Kommentar
Fixkosten / Stück													
Kosten	65.00	64.00	64.00	48.00	48.00	62.00	64.00	64.00	64.00	65.00			
3 Stk Temperatursensor		40.0 h	2.0 h								2,688 €	300 €	
3 Stk Stromauswertung			4.0 h								256 €	120 €	
1 Stk GSM Modul	20.0 h	2.0 h	40.0 h			30.0 h	3.0 h		8.0 h		6,552 €		
1 Stk Azure Entwicklung						80.0 h		20.0 h			6,240 €	1,000 €	6 Tablet Geräte
1 Stk Mobile App Entwicklung						40.0 h		10.0 h			3,120 €	1,420 €	
											18,856 €	71 €	+ Materialgemeinkosten
												5,069 €	+ Vertriebsgemeinkosten
											Summe	26,687 €	
											Summe	**Material**	
Variable Kosten / Stück Positionierer / Jahr	220												
1 Stk Azure Cloud Dienst										0.5 h	0 €	12 €	Pro Stück
1 Stk GSM Modul				1.0 h	1.0 h					0.5 h	161 €	200 €	
1 Stk Risiko Patentlizenz											0 €	250 €	
											0 €		
											0 €		
											161 €	462 €	+ Fertigungsgemeinkosten
											Summe	623 €	**Summe**

Tab. A.5 Marktattraktivitäts- und Wettbewerbsstärken-Matrix für *Modules as a Service*. (Eigene Darstellung)

	Gewichte	ungünstig			Sehr günstig		Gewichtet
		0-20	20-40	40-60	60-80	80-100	
Wettbewerbsverhalten der am Markt etablierten Unternehmen	25%		30%				7,5
Bedrohung durch Konkurrenten	10%					90%	9
Verhandlungsstärke der Abnehmer	15%		30%				4,5
Verhandlungsstärke der Lieferanten	5%					100%	5
Bedrohung durch Substitutionsprodukte	10%					100%	10
Marktfaktoren	15%				80%		12
Rechtliche Rahmenbedingungen	10%				80%		8
Technologische Faktoren	10%		20%				2
Marktattraktivität	100%						58

	Gewichte	Bewertung 0-100					Gewichtet
Marktpräsenz	25%	100%					25%
Produkt/Dienstleistung	30%	100%					30%
Softwareentwicklung	10%	10%					1%
F&E Potential	30%	80%					24%
Organisation	5%	90%					5%
Wettbewerbsvorteile	100%						84,5

Tab. A.6 Technologie-Portfolio der Firma X für evolutionäre Geschäftsmodelle. (Eigene Darstellung)

Technologieattraktivität [0-100 %]	Gewichtung	Value as a Service (VaaS)	Modules as a Service (MaaS)	Planning as a Service	Software as a Service (SaaS)	Platform as a Service (PaaS)	Infrastructure as a Service (IaaS)
Technologiepotenzial	0,5	100	100	100	30	80	10
Technologiebedarfsrelevanz	0,5	80	70	80	10	80	10
		90	85	90	20	80	10

Ressourcenstärke [0-100 %]	Gewichtung	Value as a Service (VaaS)	Modules as a Service (MaaS)	Planning as a Service	Software as a Service (SaaS)	Platform as a Service (PaaS)	Infrastructure as a Service (IaaS)
Finanzstärke	0,4	20	80	10	10	10	10
Know-How-Stärke	0,6	30	70	10	10	10	10
		26	74	10	10	10	10

Tab. A.7 Kalkulation *Modules as a Service* disruptive Geschäftsmodelle. (Eigene Darstellung)

Fix-kosten / Stück	Kosten	PL (Std. Plan) 65,00	Ke (Std. Plan) 64,00	Me (Std. Plan) 48,00	SPS (Std. Plan) 62,00	Dok (Std. Plan) 64,00	QS (Std. Plan) 64,00	IT extern (Std. Plan) 80,00	Summe Fertigungs-einzel-kosten	Material	Kommentar
1 Stk Elektrotechnik Modularisierung		1,0 h	80,0 h						5.185 €		
1 Stk Entwicklung modularisierte Schnittstelle		8,0 h			240,0 h	40,0 h			17.960 €		
1 Stk Entwicklung Webkonfigurator+Schnittst.		16,0 h						80,0 h	7.440 €		
									0 €	0 €	
									0 €	0 €	+ Materialgemeinkosten
								Σ	30.585 €	15.293 €	+ Vertriebsgemeinkosten 50%
								Summe		48.171 €	

Variable Kosten	Anzahl der verkauften Anlagen / Jahr	20							Summe	Material
1 Stk Programmierung je nach Anwendung					20,0 h		8,0 h		1.752 €	-5.000 €
1 Stk Entfallene Leistung HMI				-5,0 h	-30,0 h				-2.100 €	-10.000 €
1 Stk Entfallen Softwarelizenz									0 €	0 €
									0 €	0 €
								Σ	-348 €	-15.000 €
								Summe		-15.348 €

Stichwortverzeichnis